重复电脉冲波煤岩致裂增渗效果的岩石学分析

周晓亭　著

中国原子能出版社

图书在版编目（CIP）数据

重复电脉冲波煤岩致裂增渗效果的岩石学分析 / 周
晓亭著. --北京：中国原子能出版社，2024.4
ISBN 978-7-5221-3367-6

Ⅰ．①重… Ⅱ．①周… Ⅲ．①电磁脉冲–影响–煤岩
–岩石破裂–研究 Ⅳ．①P618.11

中国国家版本馆 CIP 数据核字（2024）第 080386 号

重复电脉冲波煤岩致裂增渗效果的岩石学分析

出版发行	中国原子能出版社（北京市海淀区阜成路 43 号　100048）
责任编辑	王　蕾
责任印制	赵　明
印　　刷	河北宝昌佳彩印刷有限公司
经　　销	全国新华书店
开　　本	787 mm×1092 mm　1/16
印　　张	9
字　　数	108 千字
版　　次	2024 年 4 月第 1 版　2024 年 4 月第 1 次印刷
书　　号	ISBN 978-7-5221-3367-6　　　定　价　72.00 元

　　基于不同煤级大样的电脉冲波加载物理模拟实验，主要采用煤岩学手段，分析了煤岩孔隙 - 裂隙扩展特征，讨论了煤岩学因素对电脉冲波加载作用的响应，探讨了煤性质与加载条件的配置关系。

　　研究发现：孔隙演化是从微小孔扩展为大中孔，大中孔继续扩展而连通或贯穿裂隙的发育过程；孔容随冲击次数变化呈波动增大的趋势，波动程度反映了孔隙结构的调整程度。肥煤微裂隙主要是从均质镜质体中开始萌生发育，无烟煤裂隙扩展主要体现在原有裂隙宽度的增加。肥煤与瘦煤显微硬度均较低，无烟煤显微硬度非常大。瘦煤样品显微脆度最大，微裂隙发育最好；肥煤微裂隙扩展效率最高，这是特定煤化作用程度的结果。微裂隙发育具有组分选择性，镜质组中微裂隙密度最高，裂隙宽度相对较大；肥煤中存在均质镜质体、镜煤条带的力学性质薄弱带，导致力学性质差，在含能弹条件下过早破裂，孔微裂隙发育不完全。实验过程中较低的冲击波应力能将煤体破坏，关键在于煤体本身存在能够产生应力集中的各种结构缺陷，导致煤岩裂隙萌生、扩展直至失稳解体，属于疲劳性断裂。就改造效率而言，金属丝条件更适合改造煤岩孔隙，含能弹条件更适合改造煤岩裂隙。换言之，小功率多次重复加载条件更有利于煤岩孔隙扩展，大功率冲击加载条件则会诱导煤岩裂隙优先扩展。

在本书的撰写过程中，笔者不仅参阅、引用了很多国内外相关文献资料，而且得到了同事亲朋的鼎力相助，在此一并表示衷心的感谢。由于笔者水平所限，书中疏漏之处在所难免，恳请同行专家及广大读者批评指正。

目　录

第 1 章　绪论 ……………………………………………………… 1

第 2 章　研究现状 …………………………………………………… 4

2.1　岩体波导特征及其动力学 ……………………………………… 4

2.2　煤体的结构和物理特性 ……………………………………… 11

2.3　煤岩脉冲波损伤效应及其影响因素 ………………………… 19

2.4　现存问题 ……………………………………………………… 24

第 3 章　重复电脉冲波煤样致裂增渗模拟实验 ………………… 26

3.1　煤样及其基本性质 …………………………………………… 26

3.2　模拟实验原理与装置 ………………………………………… 29

3.3　模拟实验流程 ………………………………………………… 32

3.4　模拟实验结果定性描述 ……………………………………… 34

3.5　小结 …………………………………………………………… 42

第 4 章　重复电脉冲作用下煤岩孔隙－裂隙演化 ……………… 44

　4.1　煤岩孔隙结构演化 …………………………………… 44

　4.2　电脉冲波作用下煤岩微裂隙扩展 ……………………… 53

　4.3　煤岩显微裂隙发育过程分形描述 ……………………… 65

　4.4　小结 …………………………………………………… 72

第 5 章　煤性质对电脉冲致裂效果的影响 ……………………… 74

　5.1　煤岩学因素与致裂效应 ………………………………… 74

　5.2　煤孔渗因素与致裂效应 ………………………………… 84

　5.3　煤变形特征与致裂效应 ………………………………… 95

　5.4　煤性质与加载条件配置关系 …………………………… 99

　5.5　小结 …………………………………………………… 103

第 6 章　重复电脉冲煤岩致裂增渗机理 ………………………… 106

　6.1　电脉冲波煤岩致裂增渗主控因素 …………………… 106

　6.2　电脉冲波煤岩致裂增渗力学机制 …………………… 114

　6.3　小结 …………………………………………………… 120

第 7 章　结论 ………………………………………………………… 122

参考文献 ……………………………………………………………… 127

第1章 绪 论

目前，我国煤层气已步入规模化生产阶段，提高煤层渗透率以增加煤层气井产量，一直是国内外煤层气工程界追求的目标。然而，煤层气产量增长幅度却不甚理想，主要原因是目前现有的密集钻孔法、水力压裂法、高压水射流法和煤层爆破等煤储层增渗方法的增渗效果受煤储层条件的制约严重，压裂过程还会对煤储层造成诸多伤害并影响后续排采。加之我国煤层气地质条件相对较差，储层改造效果往往不甚明显。为此，需要发展新的煤储层改造与降损技术，以大幅度提高单井产量、降低生产成本，依靠技术创新促进我国煤层气产业可持续发展。

邱爱慈院士为首的研发团队首次将高聚能重复电脉冲强冲击波（简称重复电脉冲波）技术引入煤层气工程界。重复电脉冲波煤层增渗技术的原理，是利用能量转换器对饱和水煤层重复性强功率放电，通过液电效应将高功率电磁能量转换为冲击波能量，通过高压脉冲冲击波对煤层的致裂作用达到解堵增渗乃至促进解吸的目的（张永民等，2009；白建梅等，2010；吕晓琳等，2011；邱爱慈等，2012；秦勇等，2014）。该技术有别于水力压裂等一次性静压改造的传统技术，对煤层不会产生压实作用，并且无需向煤层注入任何添加物质，对煤层没有污染和伤害。同时，该技术可通过调控冲击波的频率、作业强度和次数，可实现煤层分段及分层位的可控性精细改造，作业中伴生的电磁辐射和震荡剪切能，对煤层气解吸具有促进作用（王宇红，2011）。迄今该项技术已在国内 10 余个区块近 30 口低产或不产气地面井进行作业，作业后井筒内均有气顶水声。部分煤层气井作业后发生了间歇性井喷现象（图 1-1），初步证明了电脉冲强冲击波煤层增渗解堵技术在

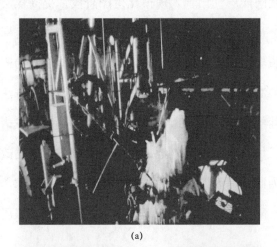

(a)

(b)

图 1-1　作业过程中发生的井喷现象

井下应用的可行性和有效性。同时，电脉冲技术不仅在改造水力压裂失败井有独特的作用，也可以应用于未压裂井，是一种具有可观潜力的煤层改造新工艺。

但是，煤岩是一种复杂介质，影响煤储层力学性质以及煤体裂隙发育的因素很多。外因如煤层应力场、温度场、地下流体场、围岩特性等，内因如煤级、煤的物质组成和结构、孔隙结构、煤体结构、含水含气状态、力学性质等。其中，内因是电脉冲波致裂增渗效果的直接影响因素，关系到煤层激励工艺参数的选择和优化，但目前对此研究甚少。亟需对重复电脉冲技术在煤矿中的应用进行理论和实验研究，争取应用该技术精准致裂和控制煤层气开采，更好地指导实际中的煤矿安全生产（秦勇等，2014）。面向煤储层新技术研发的这一需求，基于不同煤级大煤样的重复电脉冲波冲击加载物理模拟实验，结合煤岩学研究手段，分析煤岩孔裂隙扩展特征，探索煤岩学组成及物理性质对电脉冲波加载致裂效果的影响，确定煤性质与加载条件配置关系，为优化该技术现场作业设计提供依据。

第 2 章　研究现状

2.1　岩体波导特征及其动力学

2.1.1　波在岩体中的传播特征

岩石是一种复杂介质，内部含有大量夹杂、孔隙、裂纹和各种微结构，天然岩体还有各种节理、层面和地质结构。细观结构上的复杂性及宏观尺度上的不均匀性和不连续性，使得岩石介质力学性能的研究，尤其是动态力学性能的研究，无论是在广度上还是深度上，都远远没有金属材料完善。岩石波方面的理论或数值研究，多以地下强爆炸近场力学效应为主（Perrrt，1975；Stevens，1986），具有浓厚的军事应用背景。针对岩石本构模型的基本特征，研究弹塑性波传播和演化方面的工作并不多。波的应力幅值比岩石的抗压强度小，而波及的范围较大，能量较小，持久地扰动着岩石质点的振动波可称为弹性波或地震波。波在岩石介质中的传播规律，取决于岩石介质的岩性、岩层结构等因素。

将岩体视为理想弹性体时，可以直接引用弹性理论的结果来研究波的传播，它的应力应变关系符合广义胡克定律。因此，弹性波传播时的岩石质点运动方程为：

$$(\lambda+G)\frac{\partial \theta}{\partial x_i}+G\nabla^2 u_i=\rho \frac{\partial^2 u_i}{\partial t^2} \qquad i=1,2,3 \qquad (2\text{-}1)$$

式中，u_i 表示质点坐标方向的位移，$\theta=\varepsilon_{ii}=u_{ii}$ 为体积应变，均为与时间相关的函数；∇^2 为 Laplace 算子；λ 和 G 为拉梅弹性常数；t 为时间；ρ 为岩石的密度。

平面波是指波在传播过程中质点只能在平行传播方向运动，其波阵面是平面。平面波产生的条件为介质的横向尺寸很大，以致质点都能发生横向运动，这与煤矿中煤岩以层状赋存为主的地质状况一致。为简单起见，主要针对纵波的传播规律进行描述。设 x 坐标轴平行于波的传播方向，则有：

$$\left.\begin{array}{l} u=u(x,t), v=w=0 \\ \varepsilon_x \neq 0, \varepsilon_x=\varepsilon_z=0, \theta=\varepsilon_x \\ \sigma_x \neq 0, \sigma_y=\sigma_z \neq 0 \end{array}\right\} \qquad (2\text{-}2)$$

因此式（2-2）可化为：

$$\frac{\partial^2 u}{\partial t^2}=c_\text{p}^2 \frac{\partial^2 u}{\partial x^2} \qquad (2\text{-}3)$$

式中，$c_\text{p}^2=(\lambda+2G)/\rho$，$c_\text{p}$ 称为纵波传播速度。

根据胡克定律和平面波的假设，有：

$$
\left.
\begin{array}{l}
\sigma_x = (2G + \lambda)\dfrac{\partial u}{\partial x} \\[2mm]
\tau_{xy} = \tau_{zy} = \tau_{zx} \\[2mm]
\sigma_y = \sigma_z = \lambda\dfrac{\partial u}{\partial x}
\end{array}
\right\}
\qquad (2\text{-}4)
$$

有了这些基本方程，若已知边界条件及初始条件，就可以得出式（2-3）的解。

波的基本特点是瞬变性和局域性，扰动应力场和应变场以近于声速的速度向外传播，其影响范围可达数千米甚至数十千米，因此考虑天然岩体存在的大量细观缺陷（如夹杂、孔隙、微裂纹等）和宏观缺陷（如断层、节理、裂隙等），不但是困难的，同时也是不可能和不现实的，Kachanov（1958）、Rubin（2000）等人从宏观连续介质角度出发，在统计平均意义上考虑岩石各类微缺陷的存在及其力学效应，忽略天然岩体存在的宏观缺陷而将其视为整岩，建立宏观意义上的各向同性本构模型，开展波传播规律研究，这也是目前的通用方法。

王明洋等（1995）建立了一维平面爆炸波在准饱和土中的动力分析模型。刘孝敏等（2000）系统分析了应力脉冲在直锥变截面杆中的传播特性，讨论了大小端杆径、过渡段长度及锥角等对波传播的影响。胡刚等（2001）通过实验分析岩石在 $10^3 \sim 10^4 \, s^{-1}$ 应变率范围内的波其他参量（质点速度、应力等）随时间的变化历史，得出了波的传播规律。王占江等（2003）分析了花岗岩中化爆的自由场波传播规律，认为岩体中波的传播与岩石的质量及含水量明显相关，小药量化爆的波传播对岩体状况较敏感。国胜兵等（2004）对爆炸波在准饱和砂土中的数值模拟发现准饱和土中含有的少量气体对爆炸压缩波传播及饱和砂土动力特性具有重要影响。姜涛等（2005）利用数值模拟验证了硬岩中爆炸近区冲击波压力衰减曲线与经验公式的一致性。

董永香等（2006）对一维应变下爆炸波在半无限混凝土介质中的传播过程进行了数值模拟，认为在爆炸近区波幅值衰减速率快，材料损伤演化和波幅值衰减存在着内在的联系。董永香等（2007）对爆炸波在硬-软-硬三明治介质中传播特性的数值分析结果表明软夹层能够起到明显的消波作用，能有效减小爆炸波应力峰值。夏致晰等（2007）分析了波在层状岩体中的传播与衰减规律，认为爆炸波在各层状岩体中随传播距离的增加而衰减，在相同传播距离内，层数较多、软硬相间的层状岩体对爆炸波有更大的衰减。赵建平等（2009）通过混凝土爆炸损伤演化实验指出爆炸波作用是一区压应力、二区拉应力、三区准静态作用的有机耦合致裂过程。李顺波等（2009）对爆炸冲击波在水、土、混凝土中的衰减规律进行了数值模拟，分析表明波阻抗对冲击波的初始峰值大小有很大影响，波的强度越大，波速越高。

王道荣等（2009）从试验的角度研究了不同结构平板中波传播规律，分析了不同结构对波传播的影响。穆朝民等（2010）通过爆炸波在高饱和度饱和土中的实验研究，建立了爆炸波在饱和土中的传播规律公式。王伟等（2010）通过实验研究得到了 4 种不耦合系数下爆炸波峰值随传播距离衰减的指数关系式。蔡峰（2014）通过用数值模拟的方法，发现爆轰波在煤体介质中的传播和衰减规律：随着煤体介质弹性模量的增加，爆轰波随传播距离的衰减幅度越来越小；爆轰波在传播距离不大时具有较高的峰值并迅速衰减，在传播距离较大时，爆轰波衰减幅度逐渐趋于平缓。各种不同爆炸增渗措施均有大量的爆声气体参与裂缝的形成，但作为主要造缝动力来源的冲击波特征及其在储层中的传播衰减变化规律大致相同，具有重要的借鉴和参考价值。

2.1.2　波传播速度与岩性参数的关系

岩体中的波并非理想的弹性波，其传播速度的大小取决于岩石的物理力学性质参数。根据实验测试结果，结构完整岩石中的纵波波速与横波波速的比值为 1.7 左右（Sijing 等，2001）。

岩体中的波波速大小是岩石孔隙率、弹性模量、结构完整性等数值的综合反应。利用实验测得的岩石（岩体）内的纵波与横波波速，可以计算出岩石的动态弹性模量和动态泊松比等性质参数（Hudson，1980）：

$$\begin{cases} E_\mathrm{d} = \dfrac{\rho V_\mathrm{S}^2 (3V_\mathrm{P}^2 - 4V_\mathrm{S}^2)}{V_\mathrm{P}^2 - V_\mathrm{S}^2} \\ \mu_\mathrm{d} = \dfrac{V_\mathrm{P}^2 - 2V_\mathrm{S}^2}{2(V_\mathrm{P}^2 - V_\mathrm{S}^2)} \end{cases} \tag{2-5}$$

式中，E_d、μ_d 为岩石动弹性模量和动泊松比；V_P、V_S 为岩石的纵、横波速；ρ 为岩石的密度。

由于损伤裂纹的存在和发展会引起波波速的衰减，所以波速衰减系数和损伤参量之间的关系对损伤岩石中的波传播具有重要作用（He Hongliang 等，1994）。Rubin 和 Ahrens（1991）采用了如下损伤参量表达式：

$$D = 1 - (c / c_0)^2 \tag{2-6}$$

式中，c 为受载损伤后岩石的波速，c_0 为受载前岩石的波速。由于 $(c/c_0)^2$ 是受载损伤前后岩石弹性模量之比，所以 D 表述的是岩石的损伤参量的变化。

实验证明损伤参量与超声波波速衰减率在动载作用过程中呈线性关系，进一步的研究还发现声速衰减率与损伤能量耗散率具有显著的线性相关性（杨军，1999）。这些均为用声波参数参与构造损伤模型提供了理论依据。

对同种岩石，岩块试件的波速高，岩体的波速低。理论分析和大量的现场试验表明（刘盛东，1996；马文顶，1997；刘新华，1997；彭苏萍，2004；尹光志，2004），岩体声波速度与其力学参数一样，与岩体的密度、孔隙率、内部结构、含水率等因素有关，因此声速能综合反映岩体的力学特征，且可作为评估岩体质量的主要参数。

岩石种类：不同岩石，其组成成分、孔隙率、微裂隙密度、结构完整性等必然不同，因而波波速不同。

岩石组成：波在非均质的岩石中传播时，扰动在不同矿物成分之间的传播速度不同。根据伯奇的研究，非均质岩石中的波波速可用组成它的各种矿物的波速来描述。即有关系式：

$$c = 1 / \sum \frac{x_i}{c_i} \qquad (2\text{-}7)$$

式中，c 为岩石中波表观速度，x_i 为第 i 种矿物的体积比；c_i 为第 i 种矿物的波速。

岩石密度：岩石密度是影响波传播速度的重要因素，由于岩石密度也影响到岩石的其他力学性质参数，因而使问题变得复杂。根据伯奇和伦威克的研究，波在岩石中的波速与密度成正比：

$$c_p = \sqrt{\frac{E}{\rho}} \qquad (2\text{-}8)$$

该式对岩石中的弹性波也是成立的。因而，理解岩石中的波速与密度的对应关系时，应当注意到岩石密度的增加会引起弹性模量的增加，而且这种弹性模量的增加对波速的影响将超过式（2-7）中围岩石密度增加引起的波速降低，从而在整体上表现出岩石中的波速随岩石密度的增加而增加。

岩石的孔隙比：岩石中的孔隙分晶粒间的孔隙和岩石介质间的天然裂隙两类，虽然都导致波波速的降低，但它们对波波速的影响程度明显不同，前者低于后者。根据 Wyllie 等（1958）的研究，声速 V 与孔隙率 n，之间存在如下关系：

$$\frac{1}{V} = \frac{n}{V_f} + \frac{1-n}{V_r} \qquad (2\text{-}9)$$

式中，V_f 为裂隙中饱和液体的声波速度，m/s；V_r 为岩石骨架的声波速度，m/s。

岩石的各向异性：典型的岩体是各向异性介质，层状岩体可视为横观各向同性介质。由于岩体的各向异性，必然导致岩石在不同方向上波速及弹性参数的差异。

应力状态：岩石中波速与岩石所处的应力状态有关。不同岩石含有的孔隙、裂隙数量不等。在压应力作用下，有的孔隙、裂隙会闭合，闭合孔隙、裂隙的数量随应力增加而增加，但增加的速率逐渐降低，岩石中所含孔隙、裂隙越多，应力作用引起的孔隙、裂隙闭合越多。

但当压应力超过某一临界值后，压应力将引起岩石的损伤，造成新的裂纹。根据前面孔隙率与岩石中的波速的关系，即可得知应力状态影响岩石中的波速的关系。这就是在开始加压阶段，波速随应力增加而增加，而当应力超过一定值后，波速则随应力的进一步增加而降低。

含水量：纵波在水中的波速约是在空气中波速的 5 倍。因此，当岩石中的裂隙被水充填时，将引起岩石波速增加。

杨永杰（2006b）通过大量试验分析了煤样强度等力学参数与声波速度间的相关关系，得出年代较老的岩石，胶结程度较好，声速较高；而年代较新的岩石胶结程度较差，声速较低。岩石结构面多，节理、裂隙、层理、夹层、断层发育，风化严重，岩石完整性不好，则声速偏低；反之，声速较高。岩石抗压强度与岩石的密度、胶结程度、孔隙率及结构面发育状态等因素有关。一般情况下，岩石的密度大、胶结程度好、孔隙率低、完整性好的岩石抗压强度高，而在这种情况下的岩石声波速度也大；反之，对应密度小、胶结程度差、孔隙率高、完整性差的岩石抗压强度低，相应的岩石声波速度也小。根据前人的试验结果表明，岩石的单轴抗压强度与纵波速度之间一般呈统计意义上的指数函数关系，但也有呈线性关系的试验结果（燕静，1999），这主要与岩石类型、赋存条件、试验方法等因素有关。

2.2　煤体的结构和物理特性

由于在煤成岩过程中，成煤物质、沉积环境和煤化程度不同，其组分也比较复杂，具有宏观裂隙、显微裂隙和孔隙的三元孔、裂隙结构（傅雪海，1999），它具有可燃性、脆性和各向异性，与一般的力学材料相比具有许多共性，也具有其特性。所以我们在进行电脉冲波在煤体中传播及动力效应的研究中，对煤体的结构特性和物理力学特性进行深入了解也显得至关重要。

2.2.1　煤体的结构特性

（1）煤体的结构类型

煤体结构是指煤层各组成部分的颗粒大小、形态特征及其相互关系，也有人将其理解为煤层在沉积演化过程中地应力或构造应力对其的破坏程度。其中煤的宏观结构是指煤岩成分的大小、形态表现出来的特征，常见的宏观结构有条带状结构、透镜状结构、均一状结构、线理状结构和粒状结构；煤的显微结构是指煤的各种显微组分的大小、形态及植物组织结构的保存程度；煤的显微构造是指煤的各种显微组分的组合形态和空间分布状态，常见的显微构造类型有碎屑状结构、条带状结构、斑块状结构和复合结构等。

参照地质学中构造岩的分类方法，按照煤体结构是否遭受构造应力的破坏及破坏程度，可将煤分为原生结构煤、碎裂煤、碎粒煤和糜棱煤四种类型。煤体的破坏程度对煤的坚固性系数、孔隙率、透气性系数、表面积和渗透性等都有影响，研究电脉冲波作用下不同破坏程度煤体的可改造性，预测煤层的渗透性和选择有利的煤层改造层段有重要意义。

（2）煤体的孔隙、裂隙特征

① 煤体中的孔隙特征

煤是一种非均质、多孔隙且具有热可塑性的有机岩，在漫长的沉积演化过程中，煤层的生气和聚气作用形成了形状不同、大小不等的孔隙。煤固结成岩后，受地质构造运动的破坏也会形成部分孔隙。此外，成煤植物自身的组织孔与一些有机碎屑之间堆积形成的孔隙，以及由于矿物质的存在产生的各种孔隙等构成了煤体中孔隙系统。目前，人们常采用普通显微镜、扫描电子显微镜、气体吸附法和压汞法等对煤体的孔隙大小、形态、结构特征进行研究，也形成了各种各样的孔隙分类方法（张慧，2001；琚宜文，2005）。煤体中孔隙按其成因可分为原生孔、变质孔、外生孔和矿物质孔等；按其连通性可以分为连通孔和孤立孔；按其形态特征可分为Ⅰ类孔（圆柱形和平板形）、Ⅱ类孔（圆锥形）和Ⅲ类孔（墨水瓶形）；按其孔径结构可分为微孔、小孔、中孔、大孔、可见孔和裂隙等。煤体孔隙结构和孔径的分布，对煤的吸附性、渗透性和强度特征有很大影响，其数量和结构的变化，将引起煤体的脆性、坚固性及机械物理性质等的改变。电脉冲波作用下，煤体裂缝产生扩展一般是在孔隙和裂隙、颗粒界面等薄弱结构面处，因此煤体的孔隙结构及类型对电脉冲波煤体致裂有重要的作用。

② 煤体中的裂隙特征

煤中裂隙是指在成煤过程中，煤受到外界各种应力的影响所形成的裂开现象。煤体中存在着大量的贯通与不贯通、连续与断续的裂纹，这些裂纹的纵横交错，形成了独特的裂纹系统。在研究电脉冲波作用下，煤体裂纹扩展规律的过程中，必须考虑煤体的自然特性和软弱结构面的影响。由于受煤的形成条件和地质作用的影响，煤中的各种裂隙在很大程度上对煤体的力学性质产生影响，有外荷载作用时，在裂隙尖端将产生很高的集中应力，促使其产生扩展。煤层中不同成因、不同几何结构形态的裂纹对煤体的物理力学性质的影响程度也不相同。按照其形成原因和存在的状态，可将煤体中裂隙大致分为 3 大类（苏现波，1998）。

煤中的层理面是煤形成过程中各种煤岩成分的分界面，虽然它没有将煤体直接断裂开，但在煤体中形成了沿层理面方向的弱面，在电脉冲波作用下，煤体极易在层理处产生破坏。由煤化作用形成的割理称为内生裂隙，一般只发育在镜煤和亮煤分层中，其大致有两组相互垂直的内生裂隙，即主内生裂隙（面割理）和次内生裂隙（端割理）（钟玲文，2004）。其中面割理可以延伸很远，甚至几百米，端割理只能发育在两面割理之间，其间距比较均一，从几毫米到几厘米不等，两组内生裂隙又与煤层中的层理面相交将煤体切割成一系列斜方形基块，其形成过程受到煤岩组分、构造应力场、温度和水等的作用。外生裂隙是指煤层受到较强的构造应力作用而产生的裂隙，其方向性明显，延伸较长，裂纹面较直。按成因可分为：剪性外生裂隙、张性外生裂隙和劈理。继承性裂隙具有内生裂隙和外生裂隙的双重性质，属于过渡类型。如果煤层中内生裂隙形成前后的构造应力场方向不变，早先的内生裂隙就会进一步强化，表现为部分内生裂隙由其发育的煤分层向相邻分层延伸扩展，但方向保持不变。

2.2.2 煤体的物理力学性质

（1）煤体的物理性质

煤的物理性质是煤的化学组成和分子结构的外部表现。包括颜色、粉色、光泽、密度、硬度、脆度、断口、导电性、反射率及裂隙等。其中硬度、脆度、断口、导电性、反射率及裂隙等对电脉冲波作用下煤体的力学效应影响较大。

煤的硬度是指煤对外界机械作用的抵抗能力，常用刻划的方式来确定煤的硬度。按照外来机械作用方式的不同，煤的硬度分为三类，即刻划硬度、压痕硬度和抗磨硬度，按矿物鉴定中的摩氏硬度计可判定煤的硬度在 1~4 之间变化。煤的硬度与变质程度有关，一般无烟煤的硬度最大，焦煤与褐煤的硬度最小，约为 2~2.5。

煤的显微硬度是指煤对坚硬物体压入的对抗能力，属于压痕硬度的一种。煤显微硬度与煤的变质程度、芳构化特征以及氧含量、交联程度和高塑性物质含量密切相关（韩德馨，1996）。煤炭科学院煤化学研究所煤化室（1977）提出专门报告，以显微硬度作详细划分无烟煤的指标。冯诗庆等（1991）较详细地研究了徐州煤田太原组煤的显微硬度和显微脆度提出根据煤中镜质组的显微硬度和显微脆度的测定特征来鉴别煤还原性的方法。显微硬度和反射率一样，也是天然焦受热变质程度的良好指标之一（赵海舟，1994）。苏联 В.Я.Посылъный 等人（1976）在测试煤的显微硬度的基础上提出了煤的显微硬度各向异性的问题。何培寿等（1982）对腐殖无烟煤显微硬度各向异性的研究，查明了其显微硬度在垂直层面的方向上有最大值，在平行层面的方向上有最小值，随着变质程度的增高，显微硬度与反射率的各向异性呈增大趋势，同时证实，显微硬度在无烟煤阶段变化是有规律的，作为详细划分无烟煤的物理、光学指标之一是可行的。陈泉霖（2003）依据显微硬度指标划分龙永煤田煤的变质程度为无烟煤。在镜质组的反射率固定不变的情况下，其显微硬度和根据黏结性组分计算的胶质层厚度之间存在着反相关关系，因此煤的成型性可由显微硬度值作出估算（马惊生等，1987）。赵玉兰等（1999）研究煤的硬度和脆度与其成型效果的关系，得出在无黏结剂、冷压成型条件下，硬度小、脆度大的煤其成型性能好；硬度大、脆度小的煤其成型性能差。煤镜质体显微硬度与煤中碳含量的关系，国外研究者都得到一些大同小异的"靠背椅"型曲线（Honda 等，1957；Аммосов 等，1958），显微硬度在碳含量 80%左右有个最大值，至 90%硬度值最小，到无烟煤阶段，显微硬度值随碳含量的增大而急速上增。由于褐煤的韧性，其显微硬度值较低，可磨性系数也很小（马惊生等，1987）。

对煤显微硬度的测定有助于研究煤的成因，评价煤层可采性和易加工性，此外还可预测煤与瓦斯突出规律（秦勇，1990）。杨宜春（1993）对突出煤进行为了显微硬度测定，结果表明：在统一测定均质镜质体的基础上，突出煤的显微硬度一般比非突出煤小。赵毅鑫等（2007）基于煤体微结构参数定量地研究了煤体冲击倾向性的强弱，得出显微硬度和显微脆度均较大的煤体较易发生冲击；镜质组最大反射率与最小反射率之差越小，冲击倾向性越小；显微组分分布简单且原生损伤越小的情况下，冲击倾向性越小。陈鹏等（1963）提出了应用显微硬度测定中的同心压印推算静态弹性模量的方法。之后，又提出全微硬度法（黄启震等，1981），以及利用显微硬度测定数据，由静态弹性模量估算动态弹性模量，利用分子弹性数估算煤结构单元芳碳率的方法（黄启震等，1983）。为提高煤显微硬度的测试精度，敖卫华等（2014）从测定条件、测定方法、测定结果这 3 方面对 MT 264—1991《煤的显微硬度测定方法》进行修订。

煤的脆度是指煤受到外力作用时产生破碎的性能。它与成煤的原始物质、煤岩成分及煤化程度有关。在不同煤化程度的煤中，肥煤、焦煤和瘦煤的脆度最大，长焰煤和气煤的脆度较小，无烟煤的脆度最小。在不同的煤岩成分中，镜煤和亮煤的脆度较大，暗煤脆度最小。

断口是指煤受外力打击后形成的断裂面，断口的形状与煤的原始物质组成和煤化程度有关。常见的断口形状有贝壳状断口、参差状断口和阶梯状断口等。断口的形状特点能够反映煤层物质组成的均一性、方向性等的变化，如镜煤、均质的腐泥煤和一些块状无烟煤呈现贝壳状断口，而条带状烟煤呈现棱角状或阶梯状断口。电脉冲波作用下，产生裂隙的表面形态对煤储层的渗透率影响很大，不规则的裂隙表面往往使裂隙在高水平应力下保持一定张开状态（傅雪海，2003）。

此外，由于煤是一种复杂多孔的和内表面积大的固体物质，在煤粒内部和表面都分布着大小形状不等的孔隙，煤层中的瓦斯、水或其他气体主要赋存在这些孔隙中，因此煤的孔隙率也是煤的一个重要物理参数，它反映了煤的结构特征。

（2）煤岩主要力学参数及其特性

煤岩是力学性质极其复杂的节理岩体，孔隙类型包括致密的基质孔隙、微裂缝发育的页理、大裂缝发育的割理，煤层这些极其发育的微孔系统和裂隙系统，使煤层具有特别的化学性质和特殊的岩石力学性质（伊向艺等，2012）。

煤的力学性质包括：煤的可磨性、煤的硬度、煤的脆度、煤的弹性和塑性及煤的落下强度，这些力学性质是通过煤岩力学参数间接反映出来的。力学参数的测试分析，为煤岩电脉冲波作用下的力学响应、波动作用下裂隙扩展模拟和电脉冲波增渗技术施工优化设计提供必要的基础参数。其主要力学参数包括：抗压强度、抗拉强度、抗剪强度、弹性模量和泊松比等（傅学海等，2002）。动态弹性模量与泊松比：利用实验测得的岩石（岩体）内的纵波与横波波速，根据式（2-5）可以计算出岩石的动态弹性模量和动态泊松比。

孟召平等（1996）通过煤岩力学试验，总结出煤岩的破坏形式主要包括：单轴试验条件下主要出现脆性破坏；三轴试验条件下主要呈现塑性破坏；具有明显节理、夹层、层理等弱面结构的煤岩主要沿着弱面结构发生剪切破坏。王生维等（1996）通过分析煤岩裂隙、节理发育特征，发现煤岩具有极其明显的各向异性，加载方向垂直于层理面同平行于层理面时相比，力学参数明显增大，破坏时产生明显的脆性特征，几乎不存在残余强度。杨永杰（2006a）通过对两个地区的煤岩进行循环加卸载试验得出煤岩相比于其他坚硬致密岩石更容易发生疲劳破坏。

杨永杰等（2010）通过扫描电镜分析观察了两个不同煤岩的微细观损伤变量，发现原生损伤变量与煤岩宏观力学性质密切相关，原生损伤变量越小，单轴抗压强度越大，并且随着原生损伤变量减小，煤岩破坏方式由塑性向脆性改变。煤岩力学性质的特殊性可以通过与其顶、底板力学性质的对比表现出来。朱宝存等（2009）通过研究煤岩与顶底板的岩石力学性质，发现不同地区煤岩及顶底板力学性质差别较大，通过取其平均值表明煤岩的抗压强度与顶底板岩石相比大幅降低，弹性模量相比更是相差一个数量级，而泊松比明显偏高，同时发现煤岩顶底板抗压强度和弹性模量与孔隙度成反比关系，而煤岩的力学性质与孔隙度间关系不明显。

2.3 煤岩脉冲波损伤效应及其影响因素

2.3.1 煤岩损伤力学性质及与煤岩结构之间关系

波对岩体的损伤，在力学特性上，必然表现为岩石的断裂韧性下降，使得径向主裂纹扩展的阻力减小，可以导致煤岩逐渐劣化直至破坏。

Lemaitre（1971）提出应变等效性假设，即受损材料的应力-应变关系可以用虚拟的无损状态下的应力-应变关系代替，只要把真实应力 σ 换成有效应力 $\tilde{\sigma}$。

根据应变等效假设，受损材料的本构关系可以采用无损时的形式，只要把其中的 Cauchy 应力换成有效应力即可。如各向同性弹性损伤材料的本构关系式为：

$$\sigma_{ij} = 2u(1-D)\varepsilon_{ij} + \lambda(1-D)\varepsilon_{kk}\delta_{ij} \qquad (2\text{-}10)$$

式中，σ_{ij}、ε_{ij} 为 Cauchy 应力与无穷小应变张量；λ、μ 为材料的 Lame 弹性常数；D 是各向同性标量损伤变量。

吴立新等（1996）探讨了显微煤岩组分及其含量、煤岩内部微观损伤裂隙含量（裂面面积率）对煤岩强度的影响。研究表明，不仅煤岩材料内部的微观损伤断裂发育程度对煤岩强度有极大影响，而且煤岩材料本身的显微组分及其含量也对煤岩强度有较大影响。汤达桢等（2010）认为，煤岩割理发育程度影响着自身的应变特征，但割理发育程度又受煤岩组分的影响。煤中镜质组有利于割理顺利延伸和发展，惰质组对割理发育不利（秦勇等，1999a，b）。汤达桢等（2010）通过沁水盆地煤岩实验发现，惰质组含量最低、镜质组含量最高的样品其应变强度最低。煤化程度对煤岩变形起着重要的作用。通常认为，在相同的温压条件下，煤级越高，煤的结构就越致密，强度就越大，而煤级较低的煤岩强度也较低（汤达桢等，2010）。阎立宏（2001）系统地测试了杨庄煤矿 5、6 煤层煤岩物理力学性质，认为煤变质程度对抗压强度也有较大影响，5 煤层由于受火成岩影响，变质程度较高，为瘦煤至无烟煤，其抗压强度较大，其他采区所采煤样多为焦煤，其抗压强度相对较低。

周建勋（1994）等的高温高压实验表明，煤中气体的存在不仅使煤的强度急剧下降，而且还能引起煤的强烈破碎细化。赵洪宝（2010）

研究了含瓦斯煤岩单轴压缩状态下力学性质，发现煤岩全应力-应变曲线阶段性明显，瓦斯的存在增加了煤岩脆性破坏特征。蒋长宝等（2011）通过三轴伺服实验装置，研究了含瓦斯煤岩卸围压下的破坏形式是以剪切破坏为主的剪张复合破坏。阎立宏等（2001）对煤浸水后的力学性质进行测试，并与原煤样的力学性质进行了对比，发现煤浸水后其强度降低，变形量增加。傅雪海（2002）等通过常规三轴压缩试验系统研究了多相介质煤岩力学性质，结果显示在弹性模量、抗压强度、压缩系数等力学参数上：自然煤样＞水饱和煤样＞水、气饱和煤样。刘忠锋等（2010）采用 MZS-300 型煤岩注水试验台进行煤体注水试验，发现煤体的单轴抗压强度随着注水含水率的增加而减小，弹性模量随着注水压力的增加而减小，而且均可以用线性通式进行描述，也得出了注水导致煤体抗剪强度降低的认识。和志浩等（2012）通过调研，认为煤岩力学性质主要受到煤岩微观孔隙结构、饱和介质及加载方式的影响。这些煤岩损伤力学性质的影响因素对于煤层气开发的储层改造具有严重影响。

2.3.2 煤岩脉冲波的损伤效应

波动力效应模型研究主要经历了弹性力学模型、断裂力学模型和损伤力学模型三个阶段，其中损伤力学模型是目前和今后波动力效应模型研究的重点（郑永来等，1996；杨军等，1999；杨军等，2001；刘军，2004）。材料力学的材料强度理论，是在假设材料为均匀连续的基础上进行研究的，以材料的屈服和破坏的安全系数判断材料的破坏强度。但实际的材料与结构是存在缺陷的，断裂力学考虑裂纹型的缺陷，引入表示缺陷尺度的新的几何物理量（即缺陷长度或缺陷均匀半径），但在基质介质中，仍然认为是均匀连续的，应用裂纹扩展准则，判断裂纹是否会发生失稳扩展或发生稳定扩展。损伤力学作为断裂力学的发展和重要补充，研究初始损伤从开始变形直至破坏的劣化过程，损伤单元的存在和发展演化，使实际的材料与结构既非均质，也不连续，并且这种非均匀和不连续还随着变形过程在演化发展。基于损伤力学模型，对岩石爆破模型的研究，国内外学者从波动作用和爆生气体准静态作用两个方面做了卓有成效的研究。王家来（1995）在爆破破岩是冲击波的动作用和随后的爆生气体的准静态作用的研究基础上，分析波在爆破成缝过程中的作用，认识到波具有成核作用，能够激活原有微裂纹，在弱结构面上产生剪切带。岩体为非均质体，在波的拉压应力作用下，将沿着岩体的不均质部位，如夹杂、晶界等处形成许多新的微裂纹，称为成核。早在 1971 年，Kutter 和 Fairhurst 就注意到波可以使岩体起到预载荷的作用，从而使炮孔压力更有效。

事实上，由于应变波的损伤作用，岩体的微观、细观结构已有所改变，如产生许多新的微裂纹和老裂纹的长大。在一定强度的应变波的作用下，所激活的裂纹数服从指数分布（黄筑平等，1993）：

$$N(\varepsilon) = A\varepsilon^m \qquad (2\text{-}11)$$

式中，$N(\varepsilon)$ 是被激活的裂纹数；ε 是应变波产生的体积应变；A，m 是材料系数。

Thorne（1990；1991）认为爆炸冲击波激活岩体内原始裂隙，形成粉碎区和径向裂隙，之后冲击波衰减为波，使裂隙进一步扩展，并对岩体自由面形成反射拉伸破坏，而爆生气体通过楔入裂缝使其进一步扩展。郑福良（1996；1997a，b）利用断裂力学方法探讨了含瓦斯煤体爆破裂隙发展规律和范围，指出瓦斯有利于爆破裂隙产生。蓝成仁（2003）、徐阿猛（2007）、梁绍权（2009）、顾德祥（2009）、蔡峰（2009）、褚怀保（2011）、孙博（2011）等认为煤体深孔预裂爆破是由爆炸波、爆生气体和瓦斯压力共同作用于煤体的结果，瓦斯气体在爆炸中区与爆生气体共同作用于由波形成的宏观裂隙尖端，产生应力集中，使裂隙进一步扩展，在爆破远区，爆生气体静态应力明显降低，受波扰动的原生裂隙中瓦斯在非平衡态条件下使裂隙进一步扩展。魏殿志（2004）运用爆炸冲击波理论，指出煤体粉碎区及裂隙区半径随爆炸冲击波作用强度增大而增大。索永录等（2005）采用脉冲 X 射线摄影的方法研究了煤体不耦合装药爆破是的爆腔扩展过程，得出爆腔壁后压密层径向扩展速度按幂指数下降，在爆炸初期，冲击波能量占炸药总能量的 39%，煤体中爆炸的波耗大，质点位移随时间按对数形式变化，质点位移平均速度随比例距离按指数形式衰减。吴亮（2006）通过对临界埋深以下岩石装药爆破进行分析计算，得出冲击波能量占总能量 40%，爆生气体站总能量的 23%，主要用于扩腔和致裂作用，剩余 37% 能量大部分耗散损失掉，仅有小部分用于裂缝扩展。

赵建平（2009）通过对不同装药结构的试验研究，认为爆炸冲击波能和部分膨胀能是引起岩石爆破破碎的主要作用。王志亮等（2010）

基于脆性煤体介质的破坏机理，分析爆炸波在煤层中传播规律及其对煤体的破坏特性，认为衰减后的波是煤层裂隙扩展的主要作用。王海东（2012）开展了高应力煤层深孔爆破致裂增透的研究，认为爆生气体单独作用和两者共同作用下均能获得同等范围的裂隙区，是爆炸波单独作用下获得裂隙区范围的 6.3 倍，爆生气体对高应力煤层的致裂增透效果起重要作用。目前，针对动载荷储层改造的煤体爆破等参数及工艺的研究相对较多，而煤体破坏机理研究仍在进行。波动作用下煤体的动态本构关系较为复杂，以及煤体本身的非均质性和各向异性，使煤体波动力效应更为复杂。

2.4　现存问题

基于脉冲功率技术的脉冲波煤储层增渗技术通过一系列工程试验与探索，展示了增产解堵效果以及煤储层无污染损害等方面的技术优势。但该方面的基础研究滞后于实践探索，技术研发急需基础研究予以指导。

（1）煤岩学因素对波传播特性及其动力学效应的影响研究有待深入。煤岩是一种复杂介质，其中显微组分种类、显微组分组合、煤体显微结构、煤级和含水性等物质组成，影响煤岩的力学性质，孔隙结构、原始裂隙等原始物理性质，破坏煤体的连续性，导致煤岩学因素必然影响煤体中波传播及微裂隙的扩展发育。由于煤岩在细观结构上的复杂性以及宏观尺度上的不均匀性和不连续性，煤岩介质中波传播特性及其动力学效应的影响，以及在这些特性作用下煤储层裂缝呈现出的发育规律，无论在广度上还是深度上都有待完善。

（2）煤岩学因素与电脉冲波的加载特征耦合作用及其与煤储层致裂效果的基本关系不明。不同加载能量，次数，间隔时间的电脉冲波加载特征下，显微组分种类、显微组分组合、煤体显微结构、煤级、含水性等煤岩物质组成及孔隙结构、原始裂隙等原始物理性质对煤储层致裂效果的影响情况、煤岩学众多因素中的关键性因素及不同煤岩条件下电脉冲波最优加载工艺参数，都待进一步阐释。

第3章 重复电脉冲波煤样致裂增渗模拟实验

为研究电脉冲应力波对煤储层孔、裂隙发育规律的影响，进而揭示煤岩学因素对致裂增渗效果影响机理。利用西安科技大学搭建的实验平台，在无围压条件下，以肥煤、瘦煤和无烟煤为研究对象，分别在4种脉冲加载条件下进行了对三组煤样进行重复冲击实验。本章将详述有关实验样品、实验原理与装置、实验过程及实验宏观结果等内容。

3.1 煤样及其基本性质

本次实验样品共三套，包括无烟煤、瘦煤和肥煤，均具有原生结构。肥煤样品采自宁夏呼鲁斯太矿区乌兰煤矿上石炭统太原组7号煤层，瘦煤样品采自山西省潞安矿区漳村矿3号煤层，无烟煤样品采自山西省晋城矿区寺河矿3号煤层。煤样均采自井下工作面，用黑色聚乙烯袋包裹以防止氧化，运至实验室后加工成20 cm见方的电脉冲煤岩试件，切屑下来的煤屑用于工业分析、镜质组反射率测定、煤岩显微组分定量等配套实验。煤样基本性质见表 3-1。

井下工作面采集新鲜样品，用黑色聚乙烯袋包裹以防氧化。在实验室将大块煤样沿平行和垂直层理方向切割，为便于观测电脉冲应力波作用下煤体破裂的全过程，同时满足后续辅助分析实验对样品的需求，实验采用尺寸为 30 cm × 30 cm × 30 cm 左右的大型块状样。其中肥煤 4 块，瘦煤和无烟煤各 3 块；然后先利用 80 号砂纸对煤体表面粗抛光，再利用 150 号砂纸细抛光，目的是去除切割擦痕，便于观测煤体表面裂隙的演变过程；最后利用白色油漆笔对煤体表面进行编号，所有样品的冲击波加载位置均为 B 面中心区域。另外，将每块煤样切割下的边角料预处理后进行工业分析、镜质组反射率和显微组分定量等分析测试，见表 3-1。

在实验室将大块煤样沿平行和垂直层理方向切割，便于观测电脉冲波作用下煤体破裂的全过程，同时满足后续辅助分析实验对样品的需求。电脉冲加载实验采用 20 cm × 20 cm × 20 cm 左右的大块煤样。其中，肥煤 4 块，瘦煤和无烟煤各 3 块（图 3-1）。先利用 80 号砂纸对煤体表面粗抛光，再利用 150 号砂纸细抛光，目的是去除切割擦痕，便于观测煤体表面裂隙的演变过程。最后，利用白色油漆笔对煤体表面进行编号，所有样品的冲击波加载位置均正对 B 面中心区域。

表 3-1 煤样及其基本性质

煤级	采样地点	编号	$R_{o,max}$/%	煤质分析			渗透率/md	孔隙度/%
				M_{ad}/%	A_d/%	V_{daf}/%		
肥煤	宁夏乌兰煤矿	F1	1.18	0.86	6.42	35.21	0.025	3.43
		F2	1.19	1.03	4.71	29.70	0.105	3.99
		F3	1.17	1.30	5.81	29.68	0.065	3.85
瘦煤	山西漳村矿	S1	2.57	1.38	7.35	13.30	0.047	5.18
		S2	2.32	1.35	7.48	13.08	0.223	4.47
		S3	2.34	1.34	8.54	14.69	0.009	5.06
无烟煤	山西寺河矿	W1	3.84	3.82	17.84	9.60	0.044	4.64
		W2	3.37	3.39	19.21	10.51	0.257	4.81
		W3	3.45	3.43	13.33	9.55	0.033	4.58

(a) 肥煤样品

图 3-1 模拟实验用煤岩试件照片

(b) 瘦煤样品

(c) 无烟煤样品

图 3-1　模拟实验用煤岩试件照片（续）

3.2　模拟实验原理与装置

电脉冲模拟实验装置由本课题组西安交通大学团队自行研制，主要由水罐、模拟煤层气井套管、电脉冲波发生装置、冲击波压力传感器等 4 部分组成（图 3-2）。水罐高 1.2 m，水深 0.8 m；模拟煤层气井套管尺寸 139.7 mm，开孔密度 60 个/m，孔径 10 mm；电脉冲波发生装置由电源控制柜、高压直流电源（变压器）、储能电容器、能量控制器和能量转换器等组成，放电电压 18～20 kV，电流 20～30 kA；冲击波压力传感器由美国 PCB 公司生产，可测最大压力 69 MPa。

该实验装置的核心部分是电脉冲波发生装置。其工作原理是：利用电源控制柜通过电缆为设备供电，经变压器 220 V/50 Hz 交流电变为直流高压电并为储能电容器充电，待储能电容器充电到能量控制器的工作阈值时，能量控制器瞬间将电容器中储存的电能快速传递给能量转换器，能量转换器以液电效应将电能瞬间释放，从而形成高压脉冲冲击波。

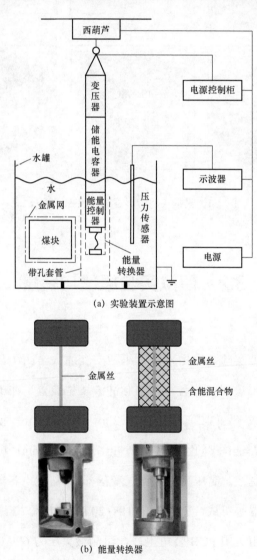

(a) 实验装置示意图

(b) 能量转换器

图 3-2　电脉冲波实验平台

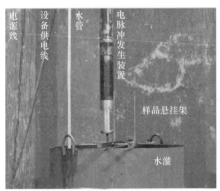
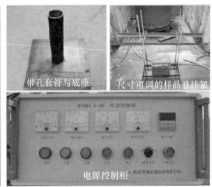

(c) 实验装置

图 3-2 电脉冲波实验平台（续）

在电容器储电能力一定的条件下，可通过调节能量控制器或在能量转换器的两个电极间放入含能材料的方法来增加冲击波能量。本次试验分别采用在两个电极间放入金属丝和重量为 5 g、10 g、15 g 的含能弹共计 4 种方法来改变冲击波能量。其中，金属丝选用钼丝，直径 0.2 mm，长度 50 mm；含能弹由硝酸铵、铝粉等材料按一定配比混合加工而成（表 3-2）。

表 3-2 煤样加载条件

煤级	编号	加载条件	煤级	编号	加载条件
肥煤	F1	金属丝	瘦煤	S2	5 g 含能弹
	F2	5 g 含能弹		S3	10 g 含能弹
	F3	10 g 含能弹	无烟煤	W1	金属丝
	F4	15 g 含能弹		W2	5 g 含能弹
瘦煤	S1	金属丝		W3	10 g 含能弹

3.3 模拟实验流程

具体流程为：

（1）将加工成的大块煤样浸入自来水中浸泡 72 小时，目的是模拟饱和水煤层的电脉冲作业现场环境，减小含水环境误差对煤样破裂过程和程度的影响。

（2）利用网眼尺寸为 10 mm×10 mm 的金属网制作的金属框将煤块包裹起来，然后沿平行层理方向将煤块悬空浸于水罐内，加金属网的目的是防止冲击过程中煤块开裂掉入水中，煤块沿平行层理方向放入是为了保证冲击波作用方向与层理面平行，与实际地层条件保持一致。

（3）将电脉冲发生装置吊入事先已固定于水罐中的模拟煤层气井套管内，并使冲击波发生窗口（能量转换器）与煤样中心位置保持一致，煤样距离冲击波源 100 mm。

（4）将冲击波压力传感器固定在水罐上，探头位置与冲击波发生窗口中心点平行，距离 300 mm，用于测量冲击波压力。

（5）开启电源控制柜电源，产生一次电脉冲波，然后关闭电源，保存示波器检测到的冲击波压力，查看煤块破裂情况，完成一次煤样冲击实验。

（6）吊起电脉冲发生装置，更换金属丝或含能弹，斧正冲击波压力传感器和煤样位置，然后再将电脉冲发生装置吊入水罐中的模拟煤层气井套管内，并下放至预定位置，开启电源，完成第二次冲击实验。

（7）重复实验步骤，并在某些冲击次数下将煤块提出水罐，对煤体表面进行拍照并取样，循环整个过程直到煤样破裂，结束实验。

实验过程中不同脉冲加载条件下测得的冲击波波形如图 3-3 所示。可以看出，所有波形衰减的趋势基本相同，最大峰值压力分别为：金属丝，2.5 MPa；5 g 含能弹，4.0 MPa；10 g 含能弹，5.0 MPa；15 g 含能弹，5.4 MPa。

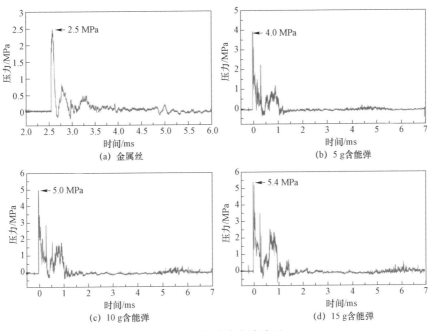

图 3-3　电脉冲冲击波波形

3.4 模拟实验结果定性描述

3.4.1 肥煤宏观致裂效果

F1 号肥煤样（图 3-4）。在整个冲击波加载过程中，宏观裂隙先是在原有裂隙两端或一端发生破裂而延伸；随冲击次数增加，裂隙扩展方式多样化，开始出现裂隙分岔、彼此穿越等现象，此时裂隙呈爆炸式增加，裂隙网络复杂性趋于最大化，裂隙之间连通性增强。之后，冲击次数增加，裂隙扩展就主要表现在宽度的增加，直到冲击 200 次时煤岩结构破坏，被大裂隙划分成几个小块，发生解体。

图 3-4　肥煤 F1 号煤样宏观裂隙演化过程

F2 号肥煤样（图 3-5）。冲击波加载前主要发育多组平行层理的天然裂隙。5 g 含能弹加载条件下，F2 号煤样与 F1 号煤样共冲击 200 次才破裂的情况不同，仅冲击 8 次就出现明显破裂，这与冲击波的能量有关。能量越大，煤样宏观裂隙增生、扩展幅度越大，越容易破裂。虽然宏观裂隙的增生、扩展的速度和幅度加快，但裂隙生长的阶段性和规律性依然存在，基本表现出与 F1 号样大致相同的过程。冲击 10 次后，煤样沿前期形成的裂隙完全解体。

图 3-5　肥煤 F2 号煤样宏观裂隙演化过程

F3 号肥煤样（图 3-6）。脉冲加载条件为 10 g 含能弹。冲击波加载前煤样裂隙以零散、孤立分布的短裂隙为主，部分裂隙之间以间断线式拟线性排列，所有裂隙主要分布在样品右侧，左侧相对不发育。对比其他含能弹加载条件下的肥煤样品，该试件宏观裂隙发育较为缓慢，这可能与煤的非均质性有关。冲击 10 次后依然解体，说明煤体内部裂

图 3-6　肥煤 F3 煤样宏观裂隙演化过程

隙是充分发育的。该样品与上述两个肥煤试件的裂隙增生、扩展方式基本相同。

F4 号肥煤样（图 3-7）。在 15 g 含能弹加载条件下，裂隙增生、扩展规模异常显著，原始煤样裂隙并不发育，多以短裂隙零散分布，仅

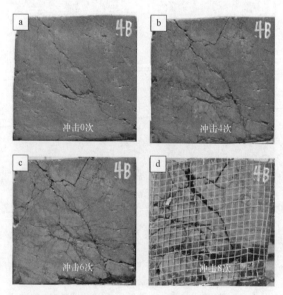

图 3-7　肥煤 F4 煤样宏观裂隙演化过程

在对角线位置发育一条不十分连续的长裂隙，但这条裂隙对整个煤样裂隙的扩展至关重要。冲击 4 次，这条大裂隙就全面贯通，并在其两侧分裂出众多新生小裂隙，裂隙扩展表现出端部延伸和侧部开叉两种主要形式；冲击 10 次后，煤样解体。

从整个过程来看，肥煤 F1～F4 煤号样在不同能量冲击波作用下裂隙的增生、扩展过程规律大致相同，基本均遵循前述模式，均是围绕原生裂隙进一步扩展发育最后结构破裂解体，即先缓速增加并以端部开裂延伸为主，后快速爆炸式增加以开叉增生为主，以裂隙宽度增大和煤体破裂为主。从宏观裂隙扩展规律可以看出，随冲击次数增加，煤体破裂程度逐渐加深，最后解体；金属丝条件下，冲击 200 次时煤体发生解体；而在 5 g、10 g、15 g 含能弹条件下，仅 10 次时，煤体就发生破裂，说明冲击能量大小相对其他因素对肥煤宏观致裂效果影响更大。

3.4.2　瘦煤宏观致裂效果

S1 号煤样拍摄照片损坏，因此仅分析 S2、S3 号样分别在 5 g 和 10 g 含能弹加载条件下的宏观裂隙发育至破裂过程。

瘦煤 S2 号样（图 3-8）。冲击波加载前仅发育数条垂向裂隙，且彼此互不连通；冲击加载过程中，裂隙先沿原生裂隙进一步延伸，而后分岔，最终遍布所有区域，裂隙开度不断增大是由冲击波张剪性应力造成。5 g 含能弹条件下，冲击 60 次煤样解体。

图 3-8　瘦煤 S2 宏观裂隙演化过程

　　瘦煤 S3 号样（图 3-9）。原始煤样裂隙不甚发育，彼此间断、孤立分布，仅在中部发育一条较大裂隙。冲击 20 次后，右上部已部分崩落，大量原生裂隙沿端部发生延伸并彼此沟通，同时分岔衍生出许多小裂

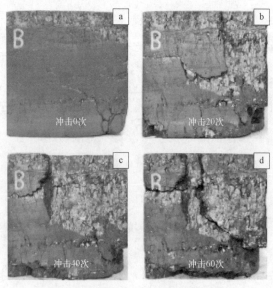

图 3-9　瘦煤 S3 宏观裂隙演化过程

隙。冲击 40 次后，样品右上部已完全崩解，但仍可清晰看到内部裂隙，裂隙扩展以横向延伸和纵向分岔增长为主。冲击 60 次后，煤样沿早期已贯通裂隙分裂开来，新增部分裂隙，煤样解体。

3.4.3　无烟煤宏观致裂效果

无烟煤在冲击波作用下的裂隙增生、扩展过程，与肥煤和瘦煤大致一致，由于其煤演化程度较高，表现出无烟煤自身的裂隙演化特点。

W1 号样（图 3-10）。原始煤样裂隙不发育，彼此互不连通。冲击 25 次后，裂隙开始显现，以延伸和分岔两种方式大量增加，致使裂隙连通性增加。冲击 50 次后，新增裂隙主要集中在冲击波作用的中心区域，左侧区域裂解，裂隙宽度明显增加，覆盖范围增大。冲击 100 次后，煤样开裂，同时新增裂隙增多，碎裂块度较大，因无烟煤硬度大，煤粉较少。

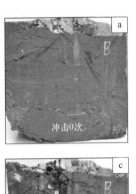
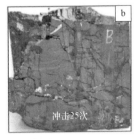
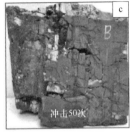

图 3-10　无烟煤 W1 宏观裂隙演化过程

W2 号样（图 3-11）。原始煤样裂隙较发育。冲击 50 次后，增加的裂隙均是沿原有裂隙端部的延伸产生。冲击 75 次后，有大量横向裂隙生成，并穿越纵向裂隙，彼此交叉，裂隙复杂性增强。冲击 100 次后，煤样仍未开裂，但孕育了更多的裂隙，新旧裂隙彼此交互穿插扩展，覆盖整个煤体表面。冲击 125 次后，煤样解体。煤体内部累积的损伤是一个由量变到质变的过程。

图 3-11　无烟煤 W2 宏观裂隙演化过程

W3 号样（图 3-12）。裂隙发展过程有别于前两个样品。原始煤样以垂向裂隙为主。冲击 50 次后，新生大量横向裂隙并贯穿垂向裂隙，有别于其他样品沿原有裂隙端部扩展的特点，原因在于煤样中部坚硬的黑色矸石阻碍了裂隙由煤向矸石方向延伸。冲击 100 次后，仍鲜有原生裂隙向前扩展，但矸石两侧的煤均发生破裂，而矸石自身基本完好无损，这也反映了样品力学强度非均质性对致裂效果的影响。

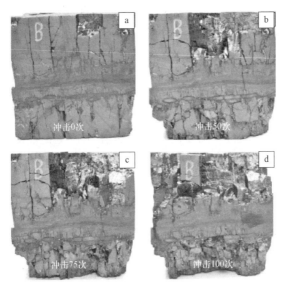

图 3-12　无烟煤 W3 宏观裂隙演化过程

3.4.4　综合分析

总体上来看，冲击次数及能量变化对肥煤影响很大。在 5 g、10 g 含能弹加载条件下，肥煤样品在冲击次数仅达到 10 次时，即发生实质性破坏，煤体裂隙非常发育，煤粉产出量高。对于瘦煤、无烟煤来说，由于煤演化程度高，显微组分、力学性质等发生了很大的改变，冲击次数与能量变化对其影响较小，当冲击次数达到 50 次以上时，煤体结构发生破坏，裂隙发育。因而，对于演化程度较高的瘦煤、无烟煤来说，冲击次数上存在一个阈值，超过阈值，煤体迅速发生破坏，宏观裂隙增加明显。此前煤体在冲击作用下，一直处于裂隙孕育期。

实际生产过程中，理想的效果是冲击波作用下煤中裂隙能够大量发育，覆盖范围远，同时破碎程度小。瘦煤的破裂特征既有利于煤层气的产出又不会有大量煤粉生成，无疑有利于煤储层增渗及煤层气排采。瘦煤和无烟煤具有上述特点，肥煤则不同，各肥煤样品最终破裂时均较为破碎，煤粉产出量高。但在储层改造效果上来说，肥煤较瘦煤无烟煤需要更少的冲击能量和冲击次数。

值得注意的是，对肥煤储层改造时，对冲击次数的控制非常重要，尽量控制煤粉的生成，达到最好的改造效果。

3.5　小　结

（1）利用西安交通大学团队自行研制的电脉冲波煤样致裂实验平台，对肥煤、瘦煤、无烟煤 3 个煤级共计 10 块煤样进行了重复冲击致裂实验。对各煤样的煤岩煤质等基本性质进行了测试，介绍了实验装置的组成、工作原理和实验过程。

（2）冲击次数及能量变化对肥煤影响很大，在含能弹加载条件下，肥煤样品在冲击次数仅达到 10 次时，即发生实质性破坏，煤体裂隙非常发育，煤粉产出量高。对于演化程度较高的瘦煤、无烟煤，冲击次数与能量变化影响较小。

（3）冲击次数上存在一个阈值，超过阈值，煤体迅速发生破坏，宏观裂隙增加明显，此前煤体在冲击作用下，一直处于裂隙孕育期。

　（4）在储层改造效果上来说，肥煤较瘦煤无烟煤需要更少的冲击能量和冲击次数，瘦煤的破裂特征既有利于煤层气的产出又不会有大量煤粉生成，有利于煤储层增渗及煤层气排采，而对肥煤储层改造时，对冲击次数的控制非常重要，尽量控制煤粉的生成，达到最好的改造效果。

第 4 章　重复电脉冲作用下
煤岩孔隙-裂隙演化

煤储层系由宏观裂隙、显微裂隙和孔隙组成的三元孔隙介质，孔隙是煤层气的主要储集场所，宏观裂隙是煤层气运移的通道，显微裂隙则是沟通孔隙与裂隙的桥梁（傅雪海，1999）。无论孔隙还是裂隙，均是煤岩中的非连续空间，决定了煤储层裂隙渗透率高低。研究电脉冲波作用下煤岩非连续结构的演化，有助于理解煤层增渗效果的实质。

4.1　煤岩孔隙结构演化

重复电脉冲能量加载条件分别为金属丝和 5 g、10 g 含能弹 3 种，加载对象为肥煤、瘦煤、无烟煤 3 个煤级，共计 10 块大尺寸试样。借助压汞实验手段，对加载前后煤的孔隙结构变化特征进行研究。综合分析，无论煤级、加载条件如何，随冲击次数增加，总孔容均呈不同程度的增加趋势，且大孔和中孔孔容及其百分比的变化趋势相似，小孔和微孔孔容情况则较为复杂（李恒乐，2015）。

试样孔隙结构的压汞测试结果见表 4-1。其中，孔径结构划分采用

B.B.霍多特（1966）的十进制方案，即微孔＜10 nm、小孔 10～100 nm、
中孔 100～1 000 nm、大孔＞1 000 nm。

表 4-1　煤样压汞法孔隙结构参数测试结果表（李恒乐，2015）

煤级	脉冲加载条件	试件编号	总孔容/（10^{-4} cm³/g）	孔隙度/%	阶段孔容/（10^{-4} cm³/g）			
					大孔	中孔	小孔	微孔
肥煤	金属丝	F1-0	257	3.43	38	12	69	138
		F1-25	411	4.88	97	28	98	188
		F1-50	359	4.39	74	12	91	182
		F1-75	384	4.51	61	17	103	203
		F1-100	361	4.51	54	77	87	143
		F1-125	394	5.24	112	67	79	136
		F1-150	452	5.98	131	91	87	143
		F1-175	410	4.95	103	28	99	180
		F1-200	473	5.74	158	30	99	186
	5 g 含能弹	F2-0	334	3.99	29	14	98	193
		F2-2	339	4.01	44	17	94	184
		F2-4	339	4.30	58	16	89	176
		F2-6	351	4.07	38	13	102	198
		F2-8	332	4.03	48	15	90	179
		F2-10	379	4.37	47	9	108	215
	10 g 含能弹	F3-0	313	3.85	30	17	95	171
		F3-2	355	3.92	47	14	105	189
		F3-4	333	3.99	27	14	101	191
		F3-6	379	4.39	54	17	108	200
		F3-8	356	4.18	54	18	100	184
		F3-10	354	3.98	31	15	107	201

续表

煤级	脉冲加载条件	试件编号	总孔容/（10^{-4} cm³/g）	孔隙度/%	阶段孔容/（10^{-4} cm³/g）			
					大孔	中孔	小孔	微孔
瘦煤	金属丝	S1-0	437	5.18	31	18	122	266
		S1-25	456	5.42	31	18	127	280
		S1-50	475	5.59	38	19	131	287
		S1-100	452	5.59	30	19	128	275
		S1-150	473	5.62	39	25	130	279
	5 g 含能弹	S2-0	369	4.47	19	13	105	232
		S2-10	374	4.55	33	16	104	221
		S2-20	385	4.64	35	14	109	227
		S2-30	405	5.01	39	20	111	235
		S2-40	393	4.83	44	21	106	222
		S2-50	382	4.65	24	13	111	234
		S2-60	381	4.66	37	15	103	226
	10 g 含能弹	S3-0	425	5.06	35	17	118	255
		S3-10	452	5.54	43	23	136	250
		S3-20	454	5.64	53	31	123	247
		S3-30	457	5.57	62	30	122	243
		S3-40	462	5.59	49	17	121	275
		S3-50	479	5.83	85	23	118	253
		S3-60	485	5.89	72	27	129	257
无烟煤	金属丝	W1-0	368	4.64	26	12	102	228
		W1-25	388	4.93	33	12	100	243
		W1-50	394	4.98	42	12	99	241

续表

煤级	脉冲加载条件	试件编号	总孔容/（10^{-4} cm³/g）	孔隙度/%	阶段孔容/（10^{-4} cm³/g）			
					大孔	中孔	小孔	微孔
无烟煤	金属丝	W1-100	382	4.86	41	11	98	232
		W1-150	385	4.81	69	10	91	215
	5 g 含能弹	W2-0	368	4.81	24	13	102	229
		W2-25	397	5.01	40	16	108	233
		W2-50	387	4.95	29	13	103	242
		W2-75	428	5.44	30	20	114	264
		W2-100	388	4.91	47	13	99	229
		W2-125	430	5.45	57	20	108	245
	10 g 含能弹	W3-0	354	4.58	29	13	95	217
		W3-25	344	4.35	41	11	85	207
		W3-50	346	4.49	36	11	91	208
		W3-75	395	4.91	40	11	104	240
		W3-100	369	4.64	37	13	95	224
		W3-125	404	5.07	55	11	99	239

4.1.1　加载前后试样孔容的变化

（1）肥煤试样（图 4-1）

F1 样随冲击次数增多，总孔容呈波动增大趋势，大、中孔与小、微孔孔容互为消长。F2、F3 样孔容增加幅度弱于 F1 煤样，主要原因是煤样在冲击 10 次时便破碎解体，而 F1 样在冲击 200 次时才解体。

F2、F3 煤样在含能弹条件下，冲击能量较大，在较大的冲击力作用下迅速破碎，冲击波对煤体内部孔隙的作用没有得到很好的展现。对于金属丝条件下冲击 200 次的 F1 煤样，其内部孔隙在多次冲击波的疲劳效应作用下得到很好发育。因此，对于肥煤来说，电脉冲波对煤体孔隙的改善并不是冲击能量越大越好。

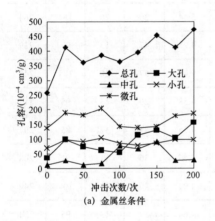

(a) 金属丝条件

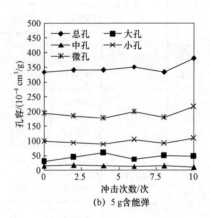

(b) 5 g 含能弹

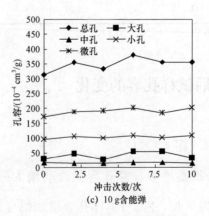

(c) 10 g 含能弹

图 4-1　肥煤孔容与冲击次数关系

（2）瘦煤试样（图 4-2）

S1、S2、S3 样品的孔容随冲击次数变化情况，同肥煤一样，呈波动增加的趋势，且大中孔与小微孔亦呈现此消彼长的变化趋势，但其变化幅度与肥煤相比，弱于肥煤样品。

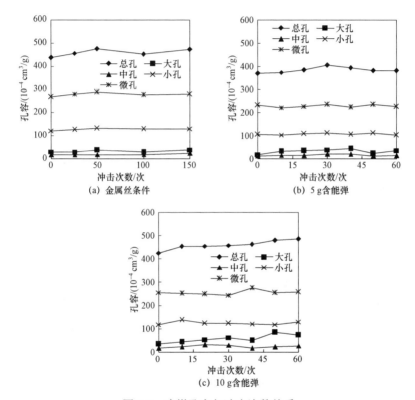

图 4-2　瘦煤孔容与冲击次数关系

（3）无烟煤试样（图 4-3）

W1、W2、W3 样品的孔容随冲击次数变化也呈现出波动增加趋势，瘦煤和无烟煤的总孔容波动趋势和微孔隙波动趋势基本一致，表明瘦煤和无烟煤孔隙总孔容变化主要贡献孔隙尺寸为微孔。同时体现了瘦煤、无烟煤在冲击作用下对孔隙的作用，在微孔水平起到了一定的影响。

综合上述三个煤级样品孔容变化趋势，可以得到两方面认识：

第一，在重复冲击作用下，煤体孔隙的扩展是以大、中孔和微、小孔的发育交替进行，电脉冲波作用下各阶段孔容的增加源于煤中较小尺寸孔隙向更大一级孔隙转变。从这个角度，可以认识到大、中孔及微、小孔的孔容随冲击次数变化的波动程度大小，反映了电脉冲波作用过程孔隙结构的调整程度，波动越大，电脉冲波作用对煤体孔隙的结构影响越强，对孔隙改善越有利。

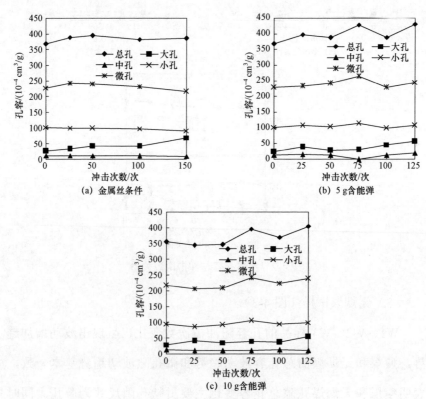

图 4-3　无烟煤孔容与冲击次数关系

第二，肥煤孔容在金属丝条件下（F1 煤样）随冲击次数变化的波动程度大于含能弹条件（F2、F3 煤样），说明金属丝条件下微小孔的萌生、发育，大中孔的扩展，贯通作用强于含能弹条件，进一步表明肥煤在金属丝条件下的孔隙改善程度好于含能弹条件。瘦煤、无烟煤孔容随冲击次数变化的波动程度上不同于肥煤，均在含能弹条件下波动幅度较大，表明含能弹对较高煤级煤孔隙的改造作用更优。

4.1.2　加载前后孔隙度的变化

（1）金属丝条件

三个煤级样品孔隙度随冲击次数的变化，均表现为三个演化阶段（图 4-4）。

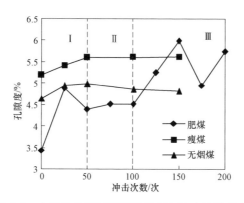

图 4-4　金属丝条件下煤样孔隙度与冲击次数关系

第一阶段，冲击次数低于 50 次。随着冲击次数增加，三个煤级孔隙度均呈增加趋势。肥煤初始孔隙度在三个煤级煤样中最低，无烟煤次之，瘦煤最大，而随着冲击次数增加孔隙度增加最快的是肥煤，这与肥煤煤级最低，脆性最大，大中孔所占比例较大，孔隙较容易发育有关。

第二阶段，冲击次数在 50～100 次之间。三个煤级煤样孔隙度均有下降趋势，随着冲击次数增加，大、中孔破裂连通成裂隙，使得孔隙度呈阶段性降低趋势。

第三阶段，随着冲击次数增加，更小的孔裂隙开始破裂，孔隙度又开始增加。此时，肥煤孔隙度增加趋势更加明显，开始超过贫煤和无烟煤的孔隙度。

以上表明，在金属丝条件下，随着冲击次数增加，三个煤级孔隙度均得到很好的改善。从孔隙度演化的第三阶段可看出，较低煤级肥煤孔隙度改善程度明显，并好于其他两个煤级。说明肥煤比其他两个煤级更适合金属丝的冲击条件，且冲击次数越多，孔隙度改善程度越好。

（2）含能弹条件

5 g 和 10 g 含能弹条件下，三个煤级样品孔隙度均呈波动增加趋势，而肥煤样品由于在冲击 10 次时就发生解体，因而孔隙度增加有一定限度（图 4-5）。同时，含能弹能量大，使得肥煤过早破裂，产生较多煤粉，实际生产中会引起裂隙堵塞，不利于煤层气的解吸渗流。

瘦煤和无烟煤不同于肥煤，在金属丝和含能弹条件下，两者的孔隙度均有不同程度的增大，在含能弹条件下的孔隙度的增幅略大于金属丝条件（图 4-5）。主要在于，瘦煤和无烟煤的煤级较高，力学强度大于较低煤级的肥煤，即使在冲击力较大的含能弹条件下，依然需要冲击几十次甚至上百次才能破裂解体。因此，瘦煤和无烟煤在足够多的重复冲击作用下，孔隙系统也能得到很好改善，又由于含能弹冲击能量较大，使得其孔隙改善作用更优。

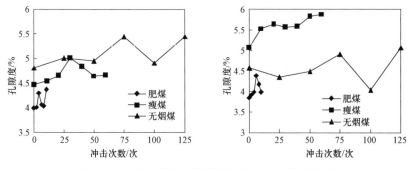

图 4-5　含能弹条件下煤样孔隙度与冲击次数关系

综上所述，电脉冲波对煤体孔隙的改造作用要达到很好的效果，就要尽量保证其煤体完整性的基础上，尽量增加冲击次数。也就是说，在保证足够多的冲击次数的前提下，尽量提高冲击力，以达到最佳的冲击效果。

值得注意的是，在冲击过程中，要对冲击次数严格把握，防止煤体过度粉碎，产生煤粉，不利于煤层气的渗流。

4.2　电脉冲波作用下煤岩微裂隙扩展

显微裂隙是沟通孔隙与宏观裂隙的桥梁。Gamson 等（1993）

和 Yao 等（2008）认为，煤中微裂隙（宽度在微米级）对煤储层的渗透性和气藏开发具有重要意义。显微裂隙的发育和演化很难定量描述。一些学者认为，裂隙在镜质组内最为发育，其中均质镜质体中的裂隙密集程度最大，其次是基质镜质体；惰质组中裂隙主要发育于丝质体中，全部为外生裂隙（王生维，1996；刘浩，2012）。

4.2.1　显微裂隙观测实验

利用不同冲击次数下冲击过程中掉落的小块，制作成规格为 30 mm 见方的煤岩光片；使用 NIS-Elements Documentation 光学显微镜进行定量观测（图 4-6）。

(a) 显微光度计　　　　　　　　　(b) 块煤光片

图 4-6　显微光度计与块煤光片

该光学显微镜具有镜下拍照及拼接功能，将对冲击前后的煤岩光片在 2 倍物镜下拍照拼接，并对裂隙进行描绘，统计面密度；在 20 倍物镜下，垂直裂隙走向统计微裂隙条数，行距 5 mm，然后计算整个光片的微裂隙平均线密度；在 50 倍物镜条件下，对裂隙发育细节进行拍照分析。

4.2.2　煤岩显微裂隙萌生扩展过程

电脉冲波作用下对不同能量、不同冲击次数下各煤级煤样显微裂隙发育情况统计，结果如表 4-2。利用不同加载条件下块煤光片 2 倍物镜拍照结果，描述分析显微裂隙发育情况。

表 4–2　煤样显微裂隙发育情况统计

煤级	煤样编号	实验条件	冲击次数/次	裂隙线密度/（条/mm）	裂隙面密度/（条/mm²）	长度介于 0.625～20 mm	
						裂隙条数 N	分形维数 D
肥煤	F2	5 g 含能弹	0	0.694	0.402 5	161	1.810
			4	0.784	0.862 5	345	1.938
			6	0.808	0.837 5	335	1.716
			10	0.867	0.97	388	1.679
肥煤	F4	15 g 含能弹	0	0.8	0.537 5	215	2.007
			2	0.922	0.552 5	221	1.829
			6	1.244	0.745	298	1.688
			8	1.389	1.365	546	2.065
瘦煤	S1	水间隙	0	0.95	0.83	322	1.779
			50	1.038	0.555	222	1.622
			100	1.8	2.955	1 182	2.657

煤级	煤样编号	实验条件	冲击次数/次	裂隙线密度/（条/mm）	裂隙面密度/（条/mm²）	长度介于0.625~20 mm	
						裂隙条数 N	分形维数 D
瘦煤	S2	5 g 含能弹	0	0.778	0.552 5	221	1.676
			30	0.933	0.797 5	319	1.763
			60	1.111	0.967 5	387	2.585
	S3	10 g 含能弹	0	0.878	1.847 5	739	2.044
			30	2.033	1.662 5	665	1.736
			60	2.31	1.265	506	1.889
无烟煤	W1	水间隙	0	0.183	0.29	116	1.84
			50	0.567	0.76	304	2.312
			100	0.444	0.485	194	1.705
	W2	5 g 含能弹	0	0.617	1.335	534	2.633
			75	0.667	0.327 5	131	1.207
			125	0.65	0.315	126	1.749
	W3	10 g 含能弹	0	0.344	0.485	194	1.75
			75	0.367	0.11	44	1.4
			125	0.589	1.137 5	455	1.937

4.2.2.1 肥煤试件显微裂隙萌生扩展过程

如图 4-7 所示，在 5 g 和 15 g 冲击条件的电脉冲波作用下，肥煤微裂隙主要是从裂隙较发育的均质镜质体中开始萌生发育，随冲击次数增加，向其他组分扩展。肥煤组分界限清晰，有均质镜质体条带，裂隙在冲击前期主要发育短小裂隙，随着冲击次数增大，裂隙扩展穿越组分，互相连通，长度增加。

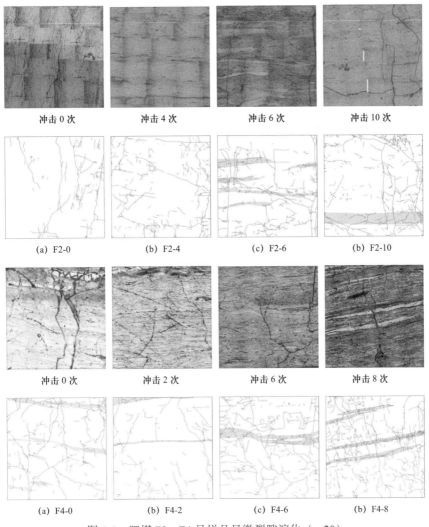

图 4-7 肥煤 F2、F4 号样品显微裂隙演化（×20）

如图 4-8、图 4-9 所示，肥煤在冲击作用下，微裂隙线密度、面密度显著增大，呈现出很好的裂隙发育趋势。值得注意的是，在金属丝条件下，肥煤 F1 样品在冲击 200 次时才发生解体。可见，对于肥煤来说，金属丝和含能弹的实验条件对其裂隙的发育、煤体的解体影响很大，而对于含能混合物重量则对其影响不大。

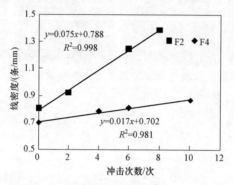

图 4-8　肥煤裂隙线密度与冲击次数关系

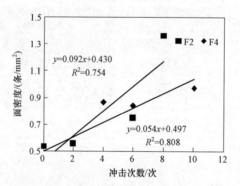

图 4-9　肥煤裂隙面密度与冲击次数关系

4.2.2.2　瘦煤试件显微裂隙萌生扩展过程

在金属丝以及 5 g、10 g 含能弹冲击条件下，瘦煤显微裂隙演化有很大区别（图 4-10）。金属丝冲击条件下，煤样在冲击初期主要为能量积累阶段，处于裂隙孕育期，当到达一定冲击次数，裂隙迅速增长，最终导致煤样破裂解体。含能弹冲击能量变大，裂隙扩展方式也发生改变，煤体裂隙在冲击初期即开始增生、扩展，随后越来越发育，以短小裂隙为主，但数目多，连通性好。

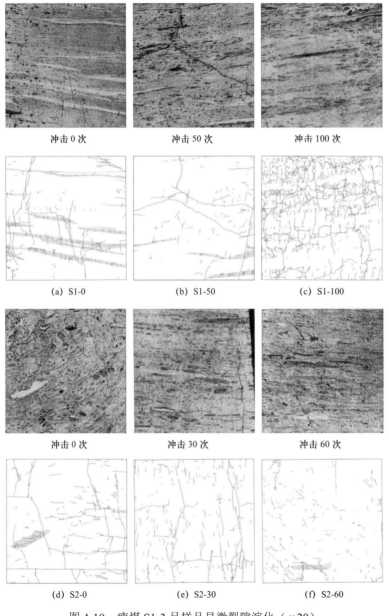

图 4-10　瘦煤 S1-3 号样品显微裂隙演化（×20）

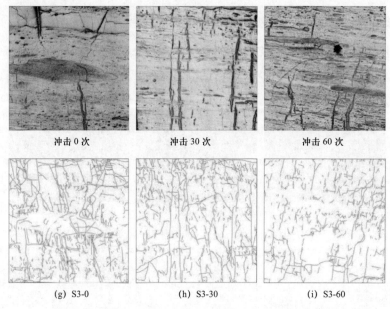

(g) S3-0　　　　　　(h) S3-30　　　　　　(i) S3-60

图 4-10　瘦煤 S1-3 号样品显微裂隙演化（×20）（续）

如图 4-11 所示，瘦煤 S1 样品在冲击前和冲击 50 次时，裂隙基本不发育；而在重复冲击 100 次时，裂隙发育扩展非常明显，且连通性较好，主裂隙周围发育多条小裂隙，弯曲度较大，互相连通。瘦煤的显微裂隙发育特征显示，金属丝和含能弹条件下，煤体破裂具有差异性。

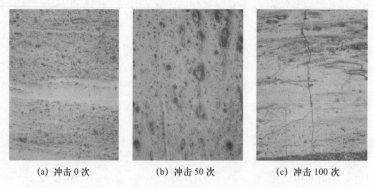

(a) 冲击 0 次　　　　　(b) 冲击 50 次　　　　　(c) 冲击 100 次

图 4-11　瘦煤 S1 样品金属丝条件下裂隙演化细节（×25）

　　如图 4-12、图 4-13 所示，在不同冲击条件下，随冲击次数增加，煤岩裂隙线密度呈增加趋势；金属丝冲击条件下，瘦煤 F1 样线密度变化在冲击前期增加不明显，冲击达到一定次数后，线密度迅速增加。面密度由于受煤样非均质性影响较大，基本呈增加趋势，裂隙发育良好。在 10 g 含能弹条件下，瘦煤 S3 样初始裂隙较发育（图 4-10 g），而破裂裂隙增加情况并不明显。同时，瘦煤在 10 g 含能弹条件下的最佳冲击破裂次数为 60 次，与 5 g 含能弹条件下煤体解体冲击次数相同。因而可知，含能弹重量和初始裂隙发育情况不是煤岩解体的主要影响因素。

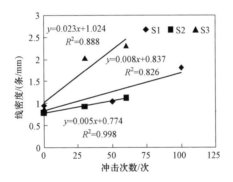

图 4-12　瘦煤线密度与冲击次数关系

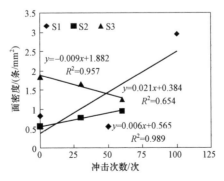

图 4-13　瘦煤面密度与冲击次数关系

4.2.2.3 无烟煤试件显微裂隙萌生扩展过程

无烟煤原始裂隙较发育，但连通性差。如图 4-14、图 4-15 所示，无烟煤裂隙具有独特的发育特点：裂隙宽度较大，裂缝近乎等间距，裂缝的上下界限虽不如内生裂隙缝规则和整齐，主要发育在镜质组条带中，裂隙面光滑平直，具有纯张节理的特征。这种裂隙通常不与顶底板围岩相沟通，以及煤层气藏始终处于过饱和状态，故储层外的流体不能进入储层裂隙，因而无充填物产生。

 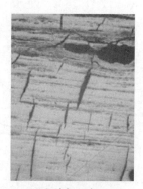

(a) 冲击 0 次　　　　　　(b) 冲击 75 次

图 4-14　W1 样品冲击前后显微裂隙演化（×25）

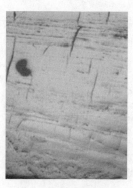 

(a) 冲击 0 次　　　　　　(b) 冲击 75 次

图 4-15　W2 样品冲击前后显微裂隙演化（×25）

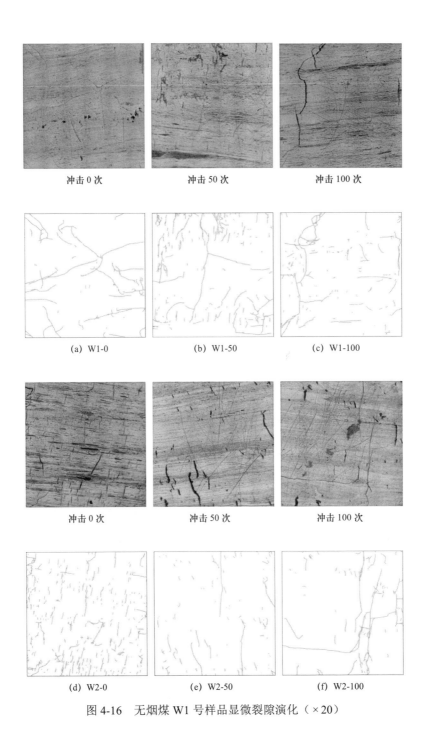

图 4-16　无烟煤 W1 号样品显微裂隙演化（×20）

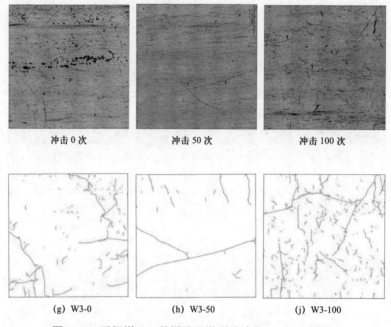

冲击 0 次　　　　　　冲击 50 次　　　　　　冲击 100 次

(g) W3-0　　　　　　(h) W3-50　　　　　　(j) W3-100

图 4-16　无烟煤 W1 号样品显微裂隙演化（×20）（续）

与烟煤相比，无烟煤的煤级升高，煤体结构和物质成分发生变化，在电脉冲波作用下显微裂隙的发育特征也发生很大变化，表现出不同于肥煤和瘦煤的裂隙扩展演化方式（图 4-16）。在冲击作用下，无烟煤微裂隙密度增加并不明显，微裂隙扩展主要体现在对原有裂缝的加宽，仍以原有的短小裂隙为主，连通性较差（图 4-16～图 4-18）。因而，无烟煤在电脉冲波作用下裂隙的发育有别于肥煤和瘦煤的裂隙密度增加，而主要以原有裂隙宽度增加为主要扩展方式。

如图 4-17、图 4-18 所示，在不同冲击条件下，无烟煤微裂隙密度随冲击次数变化均出现了减小趋势，主要原因是无烟煤体破坏方式发生了改变，煤体演化程度高，煤体显微组分、力学性质等发生了很大的改变，导致显微裂隙发育的差异，主要以宽度增加为主要破裂方式。

另外，由于取样的随机性，面密度受煤体非均质性影响更大，可能导致面密度随冲击次数变化并不是完全增加。

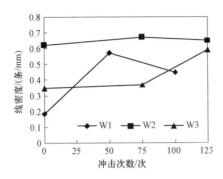

图 4-17 无烟煤裂隙线密度与冲击次数关系

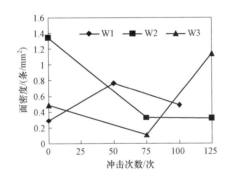

图 4-18 无烟煤裂隙面密度与冲击次数关系

4.3 煤岩显微裂隙发育过程分形描述

4.3.1 微裂隙分形统计与描述方法

分形理论是法国数学家 Manderbrot 于 1975 年提出，用来研究一些具有自相似性（Self-similary）的不规则现象，具有自反演性的不规则图形及自仿射分形集等，谢和平院士（1989）将该理论引入岩石力学研究领域。归纳前人类似研究，大致可分为如下两类：一类是研究裂隙表面（凹凸不平）的不规则性的分形特征；另一类是研究裂隙赋存的规律，包括研究岩体中裂缝系统的分布形式和分布密度及其随尺度的变化规律。由于岩石的断裂过程具有随机自相似性，断裂的分布和几何形态具有分形结构特征（赵阳升，2002）。因此，不仅煤岩体的自身裂隙具有分形特征，电脉冲波作用下裂隙的分布及演化特征可以应用分形理论进行研究。

裂隙面密度分形维数计算的理论基础是分形几何中的盒维数（box dimension or massdimension），R^n 空间中子集 F 有下盒计数与上盒计数，分别由下式给出（谢和平，1996）：

$$\dim_B F = \overline{\lim_{r \to 0}} \frac{\lg N_r(F)}{-\lg r} \tag{4-1}$$

$$\dim_B F = \underline{\lim_{r \to 0}} \frac{\lg N_r(F)}{-\lg r} \tag{4-2}$$

则 F 的盒计维数为

$$\dim_B F = \lim_{r \to 0} \frac{\lg N_r(F)}{-\lg r} \tag{4-3}$$

式中，$N_r(F)$ 为覆盖 F，半径为 r 的闭球列的最小个数，或覆盖 F，边长为 r 的正方形体最小个数。

事实上，盒维数的计算方法可以适用于任意 n 维空间，在 R^1 空间中，盒子是长度为 a 的线段；在 R^2 空间中，盒子是边长为 a 的长方形；

在 R^3 空间中，盒子边长为 a 的立方体。本次裂隙观测是在平面上进行，因此裂隙分形研究的是二维盒维数。

煤岩裂隙分形维数越大，裂隙分布越复杂（傅雪海，2001）。当 $N_r(F)$ 增大时，分形维数 $\dim_B F$ 将变大。因此，分形维数大小不仅取决于裂隙面密度，还取决于裂隙长度的分布，当分形范围内较长裂隙数量越多时，分形维数越大。分形维数不仅能够体现裂隙密度、分布的复杂性，还能够表示裂隙长度分布的不均匀性。研究表明，长度 $D = 0.012 \sim 100 \text{ mm}$ 的煤中裂隙具有明显的分形特点（傅雪海，2001）。本研究煤样微裂隙长度范围为 $0.625 \sim 20 \text{ mm}$。

微裂隙的观测和统计方法如下：在煤岩光片素描图上，选择边长 $L_0 = 20 \text{ mm}$ 的正方形，统计该网格内裂隙长度大于或等于边长 L_0 的条数；第二次划分分形网格，选择 $a_1 = L_0/2$ 的尺度将 L_0 网格进一步划分成 4 个正方形网格，并统计位于每一个网格中长度大于或等于 $L_0/2$ 的裂隙条数，累计这一分形尺度的裂隙条数，作为该尺度的裂隙总条数，以此类推，到第 6 次划分（$a = 0.625 \text{ mm}$）。

4.3.2　微裂隙扩展过程分形规律

4.3.2.1　肥煤微裂隙扩展分形特征

乌兰肥煤样冲击前后，显微裂隙具有明显分形特征（表 4-3）。F2 号样冲击前显微裂隙分形维数 D 为 1.810，随冲击次数的增多，分形

维数分别为 1.938、1.716 和 1.679。F4 号煤样冲击前显微裂隙分形维
数 $D=2.007$，冲击后分别为 1.829、1.688 和 2.065。肥煤在不同冲击次
数下的微裂隙分形维数呈现波动变化趋势，主要原因是冲击作用下显
微裂隙数量的增多及裂隙的扩展长度的非线性增大。

表 4-3　肥煤显微裂隙统计表

观察尺度/mm	网格数目	F2（冲击次数）				F4（冲击次数）			
		0	4	6	10	0	2	6	8
20	1	0	0	0	0	0	0	1	1
10	2^2	0	0	2	3	0	1	2	1
5	2^4	3	3	7	9	3	2	8	4
2.5	2^8	18	14	23	23	19	14	27	19
1.25	2^{16}	50	51	79	80	64	48	102	78
0.625	2^{32}	134	172	228	339	207	137	268	291

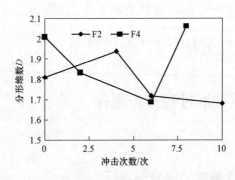

图 4-19　肥煤微裂隙分形维数与冲击次数关系

　　与 F4 号煤样相比，F2 号煤样冲击前的分形维数较大，裂隙密度
也相对较大，裂隙条数相差较多（表 4-3）。造成这种裂隙发育不均衡

的原因是：未冲击 F4 号样品的煤岩光片中基本为镜质体，且均质镜质体条带较多，而微裂隙在镜质组内最为发育，均质镜质体中裂隙密集程度最高，造成 F4 号样裂隙发育好远大于 F2 号样。

F2 煤样在 5 g 含能弹条件下，分形维数先增加后降低（图 4-19）。从表 4-3 中可以看出，随着冲击次数增多，裂隙的长度增大，大于 5 mm 的裂隙增加较快，导致分形维数开始降低。此时，面密度的增加幅度降低，主要以裂隙长度增大为主。

F4 煤样在 10 g 含能弹条件下，分形维数先降低后增加（图 4-19）。统计结果显示，在冲击作用下，微裂隙长度增加明显，分形维数呈降低趋势；当冲击次数增加到 8 次时，微裂隙的萌生增多，占主导地位，分形维数随之增大。

综上所述，肥煤样在冲击过程中，微裂隙在不断的萌生、扩展，在不同的冲击次数时总以一种作用占主导，裂隙萌生和扩展作用的交替作用使得裂隙不断发育，煤体的渗透性得到改善。

4.3.2.2　瘦煤微裂隙扩展分形特征

瘦煤样冲击前后的显微裂隙同样具有明显分形特征（表 4-4）。S1 号样冲击前显微裂隙分形维数 D 为 1.779，不同次数冲击后分别为 1.622 和 2.657；S2 号样冲击前显微裂隙分形维数 D 为 1.676，冲击后分别为 1.763 和 2.585；S3 号样冲击前显微裂隙分形维数 D 为 2.044，冲击后分别为 1.736 和 1.889（图 4-20）。同肥煤一样，瘦煤在不同冲击次数下的分形维数呈现波动趋势。

表 4–4　瘦煤显微裂隙统计表

观察尺度 /mm	网格 数目	P1（冲击次数）			P2（冲击次数）			P3（冲击次数）		
		0	50	100	0	30	60	0	30	60
20	1	1	1	0	2	0	0	2	3	0
10	2^2	3	4	1	8	4	0	4	9	4
5	2^4	13	15	8	23	18	1	34	36	17
2.5	2^8	13	15	8	23	18	1	34	36	17
1.25	216	45	34	50	71	56	5	126	110	55
0.625	232	123	95	252	224	161	36	426	353	213

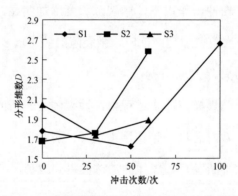

图 4-20　瘦煤微裂隙分形维数与冲击次数关系

在不同冲击条件下，瘦煤样微裂隙分形维数随冲击次数均呈现先降低后增加的趋势。同肥煤样品在重复冲击作用下显微裂隙发育规律一样，瘦煤样在冲击过程中，裂隙萌生和扩展作用交替作用，使得其分形维数呈现波动趋势。瘦煤 S1 样在金属丝的冲击作用下，微裂隙的萌生作用明显。由图 4-10c（素描图）可知，在冲击 100 次时，微裂隙非常发育，有些小裂隙长度没有达到分形的最小尺寸，未被统计。

4.3.2.3　无烟煤微裂隙扩展分形特征

无烟煤样冲击前后的显微裂隙分形特征明显。W1 样冲击前显微裂隙分形维数 D 为 1.84，冲击后分别为 2.312 和 1.705；W2 样冲击前显微裂隙分形维数 D 为 2.633，冲击后分别为 1.207 和 1.749；W3 样冲击前显微裂隙分形维数 D 为 1.75，冲击后分别为 1.4 和 1.937（图 4-21）。同肥煤和瘦煤一样，无烟煤在不同冲击次数下的分形维数呈现波动趋势。

无烟煤 W2 和 W3 样品分形维数随冲击次数均呈现先降低后增加的趋势，而 W1 煤样呈现相反的趋势（图 4-21）。根据表 4-5 中裂隙统计，无烟煤微裂隙分形维数波动的主要原因，仍然是裂隙的萌生和扩展作用。但无烟煤演化程度较高，煤体性质区别于肥煤和瘦煤，裂隙扩展方式主要是宽度的增大，因而各个尺度的裂隙数量增加并不明显（图 4-16 素描图）。

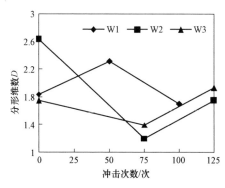

图 4-21　无烟煤微裂隙分形维数与冲击次数关系

表 4–5　无烟煤显微裂隙统计表

观察尺度 /mm	网格数目	W1（冲击次数）			W2（冲击次数）			W3（冲击次数）		
		0	50	100	0	30	60	0	30	60
20	1	0	0	0	0	0	0	0	0	0
10	2^2	1	0	1	0	2	1	0	1	0
5	2^4	2	1	3	0	4	3	2	2	0
2.5	2^8	10	7	9	2	8	19	8	6	6
1.25	2^{16}	45	39	35	11	18	42	25	17	23
0.625	2^{32}	124	118	108	77	62	115	78	44	88

4.4　小　结

（1）压汞实验显示，随冲击次数变化，煤样总孔容呈波动增大的趋势，而大、中孔与小、微孔孔容则呈此消彼长的变化趋势。肥煤 F2、F3 增加幅度弱于 F1 煤样，主要原因是前两煤样在含能弹的条件下，较大冲击力作用下迅速破碎，冲击波对煤体内部孔隙的作用没有得到很好的展现。瘦煤和无烟煤孔容变化幅度弱于肥煤，总孔容波动趋势和微孔隙波动趋势基本一致，孔隙总孔容变化主要贡献来自于微孔，冲击作用对孔隙的影响尺寸达到了微孔水平。

（2）电脉冲波作用下，煤不同孔径孔容随冲击次数变化的波动程度大小，反映应作用过程孔隙结构的调整程度大小。在金属丝冲击条件下，肥煤 F1 样孔容随冲击次数变化的波动程度大于含能弹冲击条件下的 F2、F3 煤样，说明在金属丝条件有利于微小孔的萌生发育。含能弹条件下，瘦煤和无烟煤孔容波动幅度较大，改造作用优于纯金属丝加载条件。

（3）金属丝条件下，冲击次数增加，三个煤级煤样孔隙度均得到很好的改善，肥煤孔隙度改善程度明显好于其他两个煤级。5 g 和 10 g 含能弹条件下，肥煤样在冲击 10 次时就发生解体，孔隙度增加有一定限度；瘦煤和无烟煤的孔隙度均有不同程度的增大，增幅略大于金属丝条件，含能弹冲击条件使得其孔隙改善作用更优。

（4）肥煤微裂隙主要是从裂隙较发育的均质镜质体中开始萌生发育，随冲击次数增加向其他组分扩展，裂隙互相连通，长度增加。瘦煤样在金属丝条件下的冲击初期处于裂隙孕育期，达一定冲击次数时裂隙迅速增长，最终导致煤样破裂解体；含能弹冲击条件下，裂隙在冲击初期即开始增生扩展，随后越来越发育。无烟煤微裂隙密度在冲击作用下增加并不明显，裂隙扩展主要为原有裂隙的宽度增加。

（5）煤样在不同冲击次数下的分形维数呈现波动趋势，主要原因是冲击作用下显微裂隙数量的增多及裂隙扩展长度的增大，在不同的冲击次数时以一种作用为主导。裂隙萌生和扩展作用的交替作用，使裂隙不断发育，煤体渗透性得到改善。

第 5 章 煤性质对电脉冲致裂
效果的影响

煤变质程度及物理性质影响着电脉冲波煤层致裂增渗效果。赵毅鑫等人（2007）在研究煤体冲击倾向性影响因素时，认为在相同应力、地质条件下，显微硬度和显微脆度较大的煤体较易发生冲击。本章重点探讨煤性质对电脉冲波作用下孔隙、微裂隙发育的影响机理，分析各因素对电脉冲应力波致裂效果的影响规律。

5.1 煤岩学因素与致裂效应

5.1.1 煤岩显微硬度测试方法

按照敖卫华等（2014）改进的煤显微硬度测定方法，采用上海奥龙星迪检测设备有限公司生产的 JMHV-1000AT 型精密显微硬度计（图 5-1）。用显微硬度为 701 MPa 和 420 MPa 的标准块校准仪器，加压机构上荷重分别为 9.8 N 和 1.96 N，加压时间为 10 s。

取冲击前后煤样品切割下来的小煤块,按照 GB/T 16773—2008《煤岩分析样品制备方法》,垂直于层理面纵向切片制作成规格为 30 mm 见方的煤岩光片。将不同煤级的煤样原样,使用显微硬度仪,对不同煤级、不同组分进行显微硬度测试。

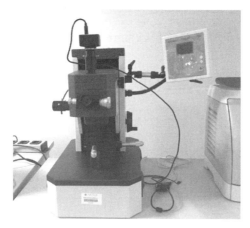

图 5-1　显微硬度仪

将顶角相对面夹角为 136° 的正四棱锥体金刚石压头,以选定的试验力 F 压入试样表面(图 5-2);保持一定的时间达稳定态后,卸除试验力,测量压痕两对角线 d_1 和 d_2 的长度(图 5-3)。根据试验力和两对角线长度的平均值,求得维氏显微硬度值。

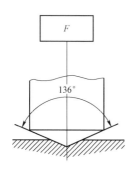

图 5-2　维氏显微硬度测定原理示意图

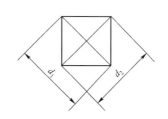

图 5-3　维氏硬度压痕图

测得的压痕两对角线长度的平均值按式（5-1）进行计算或通过查表的方法求得显微硬度值：

$$HV = 0.1891\frac{F}{d^2} \tag{5-1}$$

式中，HV 为维氏显微硬度值，N/mm²；F 为试验力，N；d 为两条对角线长度 d_1 和 d_2 的算术平均值，mm。

$$常数\ 0.189\ 1 \approx 0.189 \approx \frac{1}{9.806\ 65} \times 2\sin\frac{136°}{2}$$

以有效点测定结果的算术平均值为试样的显微硬度值。JMHV-1000AT 型显微硬度计可根据试验力和两对角线长度的平均值，通过计算机软件自动求得维氏显微硬度值。

5.1.2　煤岩显微硬度与微裂隙发育特征耦合关系

5.1.2.1　原煤样品的显微硬度

每套原煤样品依次测量 100 个点的显微硬度值，根据不同显微组分对其进行分类统计，结果见表 5-1。

肥煤均质镜质体条带显微硬度最小，介于 HV15.19～16.34 之间，平均 HV15.83；结构镜质体、基质镜质体、镜质组与惰质组夹杂条带显微硬度值基本一致，平均值分别为 HV30.41、HV31.90 和 HV30.02；惰质组的半丝质体和丝质体显微硬度较高，平均值为 HV33.70 和 HV52.62。

瘦煤整体性质较均一，各组分显微硬度值较低。均质镜质体和结构镜质体显微硬度最低，平均值分别为 HV21.30 和 HV23.02；其他组分显微硬度值稍高，镜质组与惰质组夹杂条带显微硬度平均值为 HV30.41，惰质组分显微硬度平均值为 HV28.56。就显微硬度角度，瘦煤整体性质较肥煤均一。

表 5-1　不同显微组分的显微硬度统计

煤样	均质镜质体条带的 HV	均质镜质体的 HV	结构镜质体 2 的 IIV	基质镜质体的 HV	镜质组与惰质组夹杂条带的 HV	惰质组的 HV
肥煤	15.19～16.34	19.83～26.91	27.38～33.48	24.90～38.53	24.43～39.66	25.35～73.96
	15.83	25.15	30.41	31.90	30.02	37.01
瘦煤	17.48～23.38		20.03～25.74	27.38～33.48		24.28～34.43
	21.30		23.02	30.41		28.56

注：组分中夹杂有极少量其他显微组分

对于无烟煤样品，利用显微硬度仪加压机构上的最大荷重 0.98 N 时，并不能压出压痕，因而无烟煤显微硬度值未知。但是，根据其在最大荷载下不能压出压痕的特征，可知此次实验的无烟煤显微硬度值之大。同时，此台仪器在最大荷重为 0.98 N 下标准块的硬度值是 HV701，因此可以推断无烟煤的显微硬度值大于 HV701，远远大于肥煤和瘦煤的硬度值。

影响煤显微硬度的最主要因素是煤化程度。马惊生等（1987）详细研究了我国煤的显微硬度，发现显微硬度随煤炭含量的提高呈椅状变化。"椅背"是无烟煤，"椅面"是烟煤，"椅脚"是褐煤。进一步来说，烟煤和无烟煤阶段以肥煤－焦煤的显微硬度最低；到无烟煤阶段，显微硬度随碳含量的增大而急剧增大。本次显微硬度测试实验结果与其一致。

煤岩是典型的脆性材料，研究煤岩显微硬度对显微裂隙发育的影响有重要意义。综上各煤级显微硬度测试结果，显微硬度对肥煤、瘦煤和无烟煤在不同条件的冲击作用下显微裂隙线密度、面密度发育的影响，主要体现在冲击作用下显微裂隙扩展发育情况的优劣。

肥煤与瘦煤显微硬度值均较小，所有组分显微硬度值在HV15.83～52.62之间，在电脉冲波作用下，裂隙较易扩展。肥煤均质镜质体条带在各组分中显微硬度值最小，平均值为 HV15.83，因此肥煤的裂隙扩展是从均质镜质体开始的。

无烟煤显微硬度值非常大，微裂隙在不同冲击条件均未有很好发育扩展，主要原因为无烟煤显微硬度大、显微脆度小，在电脉冲波冲击作用下很难发生破裂和裂隙长度扩展。对煤样施加较低的电脉冲载荷时，煤体单元抗压强度较抗拉强度大得多，导致当冲击作用在原有裂隙处时，拉应力起主要作用，裂隙以宽度增加的方式发生扩展。

5.1.2.2　冲击加载后煤样的显微硬度

电脉冲波冲击加载作用下，煤体的微观力学性质也会发生一定程度的演化，煤岩显微硬度的演化主要体现在显微硬度值的变化和显微硬度压痕形态特征的变化。

（1）显微硬度变化

冲击加载后的样品依次测量 100 个点的显微硬度值，并根据不同显微组分对其进行分类统计，计算不同组分显微硬度平均值结果（表 5-2）。

表 5-2 冲击后不同显微组分的显微硬度统计

煤级	脉冲加载条件	试件编号	均质镜质体的 HV	结构镜质体 2 的 HV	基质镜质体的 HV	镜质组与惰质组夹杂条带的 HV	惰质组的 HV
肥煤	金属丝	F1-100	25.60	/	27.77	27.57	/
		F2-200	25.85	/	27.77	27.88	33.49
	10 g 含能弹	F4-6	24.92	/	24.96	26.10	/
		F4-8	25.27	/	31.50	30.98	41.71
瘦煤	金属丝	S1-50	22.87	24.97	25.38	25.87	47.35
		S1-100	25.46	28.79	24.41	26.58	41.60
	5 g 含能弹	S2-30	23.84	26.98	27.08	24.88	31.09
		S2-60	22.58	25.83	25.92	26.58	/
	10 g 含能弹	S3-30	23.28	26.01	25.20	27.47	/
		S3-60	21.02	24.47	25.94	24.22	29.94

注：组分中夹杂有极少量其他显微组分

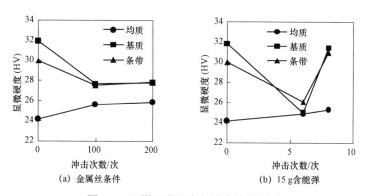

图 5-4 肥煤显微硬度与冲击次数关系

如图 5-4 所示，肥煤冲击过程中，金属丝冲击条件下，随着冲击次数增加，基质镜质体和镜质组和惰质组夹杂条带显微硬度平均值均呈降低趋势，均质镜质体显微硬度平均值变化趋势相反呈增加趋势；

含能弹冲击条件下，基质镜质体和镜质组和惰质组夹杂条带随着冲击次数增加，显微硬度平均值先降低后增加，均质镜质体显微硬度平均值呈增加趋势。

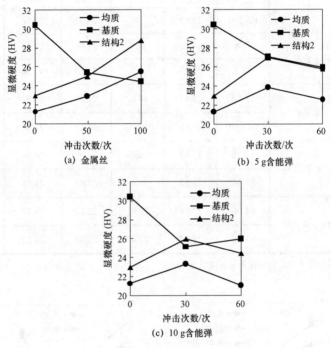

图 5-5　瘦煤显微硬度与冲击次数关系

如图 5-5 所示，瘦煤冲击过程中，金属丝条件下，随着冲击次数增加，基质镜质体显微硬度平均值呈降低趋势，均质镜质体和结构镜质体 2 显微硬度平均值呈增加趋势；含能弹条件下，基质镜质体显微硬度平均值随着冲击次数增加仍呈降低趋势，均质镜质体和结构镜质体 2 显微硬度平均值先增加后降低。

综上，在冲击过程中，显微硬度的演化，主要体现在基质镜质体和镜质组与惰质组夹杂条带的显微硬度的下降，均质镜质体和结构镜质体 2 等单一组分的显微硬度的增加，惰质组显微硬度较大，无明显变化。

（2）显微硬度压痕形态

煤的显微脆度是在显微镜下根据金刚石压锥压入显微组分后产生裂痕的程度来测定。以一定的静载荷下，压痕中出现裂痕的数目数值越大，显微脆度越大，反之，数值越小，显微脆度越小。如图 5-6 所示，在测量冲击前煤岩样品显微硬度的压痕图中，瘦煤的裂痕数目发育较多，因而，在外力作用下瘦煤表现了非常好的冲击裂隙扩展趋势。

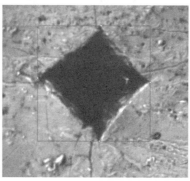

图 5-6　冲击前瘦煤显微硬度压痕图

冲击后的煤岩样品，测试显微硬度时，压痕出现脆性断裂（图 5-7）。在局部放大图中，断裂断口特征可以看出，该断口属典型疲劳断口特征，存在疲劳条带。且随着冲击次数增加，压痕处断裂增加。

5.1.3　微裂隙发育的显微组分选择性

煤的显微组成及其组合（显微结构）对煤岩强度有明显的影响。

例如，镜质体、半镜质体含量越高，或丝质体、半丝质体含量越低，煤岩的单轴抗压强度越高（路艳军等，2012）；沁水盆地煤的镜质组与微裂隙呈微弱的正相关关系，太原组煤的这种规律更明显。煤岩显微组分自身的力学性质各不相同，表现为显微硬度、显微脆度、显微韧性等有较大差异；显微硬度低、显微脆度较大的显微组分，在动载荷作用下较易产生冲击裂隙（秦勇，1990）。

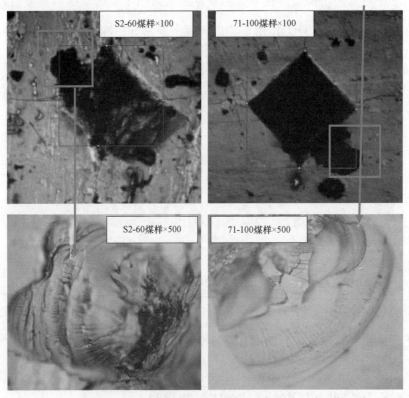

图 5-7　冲击后瘦煤显微硬度压痕图

采用第 3 章中煤岩学方法，观测不同冲击次数样品的煤岩光片。结果显示：在冲击载荷作用下，镜质组中微裂隙密度最高，裂隙宽度相对较大；即使在同一条贯穿镜质组、壳质组和惰质组的裂隙中，裂隙宽度在镜质组中较大，而在惰质组或壳质组中逐渐减小、分叉甚至逐渐闭合（图 5-8）。原因在于，镜质组显微硬度低、显微脆度较大，抗拉强度较低，在冲击波作用下容易产生张剪破坏。

在冲击载荷作用下，均质镜质体条带中微裂隙发育广泛，形态各异，如折线状、直线状、交叉网络状等；在冲击初期，微裂隙网络往往局限在均质镜质体条带，甚至不向邻近的基质镜质体条带延伸（图 5-9）。随着冲击次数的增加，均质镜质体中裂隙开始向周围组分扩展，裂隙长度增大，裂隙间连通性增强。

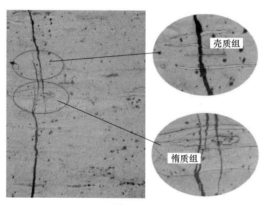

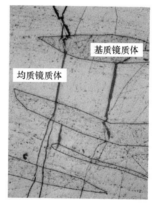

(a) 肥煤F2样品冲击加载10次　　　　　(b) 无烟煤W2样品冲击加载125次

图 5-8　冲击作用下煤体微裂隙发育特征（×25）

肥煤存在较多的均质镜质体条带，平均显微硬度值仅为 HV15.83，在冲击作用下，均质镜质体开始萌生裂隙，随冲击作用增加向其他组分扩展，是肥煤裂隙发育的主要方式（图 5-9 a）。无烟煤 W2 样品在 5 g 含能弹冲击条件下，均质镜质体中微裂隙交叉发育，但大多裂隙均不穿越均质镜质体组分（图 5-9 b）。

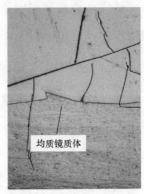

(a) 肥煤F2样品冲击加载4次　　　　　　(b) 无烟煤W2样品冲击加载125次

图 5-9　冲击作用下煤体微裂隙网络产出特征（×25）

　　一般来说，同一煤样中基质镜质体非均质性强，显微韧性相对较大，显微硬度相对较低，均质镜质体则恰恰相反，2种显微组分之间力学性质的差异，正是造成上述微裂隙发育特征差异的根本原因。

　　进一步而言，煤岩显微组分组成及组合方式，是控制煤储层增渗改造效果的重要地质原因。

5.2　煤孔渗因素与致裂效应

　　孔隙是沉积有机质和油气储层的一个重要空间结构性质，是影响沉积有机质吸附性及各类储层内部流体渗流性质的关键因素，可用不同的参数予以表征，常用参数有孔径结构、孔隙率、孔容（孔隙体积）、孔比表面积等。

5.2.1　电脉冲作用下煤体孔渗特征

李恒乐为研究电脉冲波对煤层的改造效果分别对上述三个煤级共计 10 对煤样进行氦孔隙度和空气渗透率测试，结果见表 5-3。得出，实验后的孔隙度和渗透率均较原始煤样有所提高。

表 5-3　煤岩孔隙度与渗透率实验结果

煤样	样品编号	实验条件	氦孔隙度	空气渗透率	煤样	样品编号	实验条件	氦孔隙度	空气渗透率
肥煤	F1-0	金属丝	5.4	0.025	瘦煤	S2-0	5 g 含能弹	4.4	0.223
	F1-200		5.8	0.421		S2-60		5.1	0.477
	F2-0	5 g 含能弹	5.3	0.105		S3-0	10 g 含能弹	1.3	0.009
	F2-10		5.3	0.124		S3-60		2.4	0.064
	F3-0	10 g 含能弹	4.8	0.065	无烟煤	W1-0	金属丝	4.2	0.044
	F3-10		4.9	0.325		W1-150		4.6	0.206
	F4-0	15 g 含能弹	4.0	0.102		W2-0	5 g 含能弹	0.1	0.257
	F4-10		4.9	1.254		W2-125		5.4	2.875
瘦煤	S1-0	金属丝	1.0	0.047		W3-0	10 g 含能弹	0.4	0.033
	S1-150		2.7	0.081		W3-125		0.5	0.048

5.2.2　煤体原有结构缺陷及其尺寸效应

材料疲劳破坏一般经历由微观裂纹的萌生、长大到宏观裂纹的形成和扩展等阶段，而煤体中存在的原有结构缺陷正是煤体孔微裂隙萌生的最主要部位（胡盛斌，2009；王文婕，2013）。

　　冲击载荷作用下，这种缺陷对微裂隙发育的影响表现在两个方面：一是煤体原有的孔隙、裂隙等会使加载力产生应力集中，出现局域的拉伸和剪切变形，导致裂隙扩展和相互连通；二是原有孔隙和裂隙会对新生微裂隙的扩展产生影响，缺陷尺寸改变得越急剧，应力集中程度就越显著，而新生裂隙尖端扩展到原有结构缺陷处，由于孔隙和裂隙面较裂隙尖端的尺寸改变较缓，应力集中系数变小，若新生裂隙尖端扩展应力不够大，会导致裂隙扩展止于原有结构缺陷部位（图5-10）。

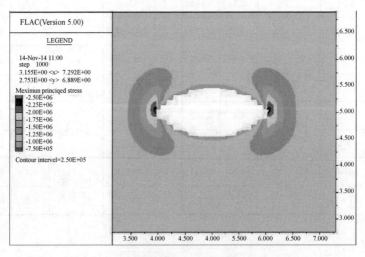

图 5-10　煤体孔隙附近 FLAC 模拟应力云图

　　如图5-11所示，当微裂隙尖端扩展应力较大时，主裂隙起裂位置位于图片右侧中部，起裂后裂隙尖端集中的应力沿红色虚线曲折向左传递，遇到第一条原生裂隙时，裂隙没有受到较大影响而继续向左扩展，新生裂隙与缝宽较大的原有裂隙相交，二者均发生移位错动；新生裂隙从原有裂隙处再次起裂，继续向左扩展，同时产生向上、下两侧扩展的微裂隙。可见，新生微裂隙与原有微裂隙交汇时，原有微裂隙宽度越大，对新生裂隙扩展的影响程度越大，会发生移动错位现象，并使原生裂隙宽度增加。究其原因，在于新生裂隙与原有裂隙相互贯通后，应力重新分配而导致应力集中程度降低，当再次起裂时，只能集中于原有裂隙的最薄弱处（葛修润，2004）。

冲击载荷破坏效果与煤体原有结构性缺陷尺度之间的关系，可用 Griffith 模型加以描述：

$$\sigma_0^2 l = E\gamma f(\upsilon) \qquad (5\text{-}2)$$

式中，σ_0 为加载应力，l 为裂隙长度，E 为弹性模量，γ 为表面能，υ 为泊松比，它们均取决于煤体性质。

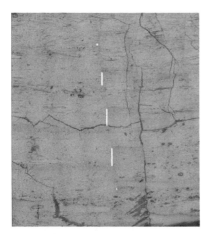
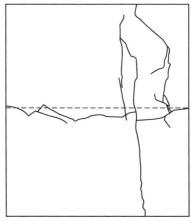

图 5-11　肥煤 F2 原有裂隙对新生裂隙演化的影响（冲击 10 次）

可以看出，裂隙开始扩展的应力 σ_0 与裂隙长度 $l^{1/2}$ 成反比，原有裂隙尺寸越大，裂隙扩展所需要的应力就越低。因此，在冲击波作用下，煤体中大孔及尺寸较大的裂隙首先受到影响而发生扩展。同时，在重复电脉冲波作用下，煤体受到循环载荷作用，孔隙裂隙的扩展与煤体的疲劳强度相关；冲击加载次数增多，煤体抗疲劳能力减弱，尺寸相对较小的孔隙裂隙也开始破裂。

由 3.1.1 节中，电脉冲波作用下各级孔隙孔容变化情况可以得出，电脉冲波的影响尺度达到了微孔级别。

5.2.3 煤岩孔渗性对冲击效果的影响

煤的孔隙率与显微组分组成、热演化程度、构造破坏程度、地层应力、地层温度等因素密切相关。随热演化程度或煤化程度的增高，煤的孔隙率或孔容先是逐渐减小，在焦煤至瘦煤阶段达到最低值，而后再度逐渐增大。构造破坏越严重，煤的总孔隙率或总孔容越大。地层压力或埋藏深度越大，煤的孔隙率越小。

5.2.3.1 孔容对电脉冲波储层改造作用的影响

利用压汞实验测得三个煤级的不同冲击次数下煤样孔容数据，计算在冲击过程中孔容最大增加值，如表 5-4 所示。分析：① 同一煤级不同冲击条件下，冲击前的孔容和冲击过程中的孔容的最大增加值关系；② 同一煤级相同冲击条件下，冲击过程中冲击前一时刻孔容和阶段性重复冲击后孔容增加值关系；③ 相同冲击条件下，不同煤级冲击前的孔容和冲击过程中的孔容的最大增加值关系。

表 5-4　冲击过程中煤岩孔渗最大增加值

煤级	样品编号	初始孔容/（10⁻⁴cm³/g）	孔容最大增加值/（10⁻⁴cm³/g）	初始氦孔隙度	氦孔隙度增加值	初始渗透率	渗透率最大增加值
肥煤	F1	257	216	5.4	0.4	0.025	0.396
	F2	334	45	5.3	0	0.105	0.019
	F3	313	66	4.8	0.1	0.065	0.26
	F4	/	/	4	0.9	0.102	1.152
瘦煤	S1	437	38	1	1.7	0.047	0.034
	S2	369	36	4.4	0.7	0.223	0.254
	S3	425	60	1.3	1.1	0.009	0.055
无烟煤	W1	368	26	4.2	0.4	0.044	0.162
	W2	368	62	0.1	5.3	0.257	2.168
	W3	354	50	0.4	0.1	0.033	0.015

不同冲击条件下，三个煤级肥煤、瘦煤和无烟煤样品冲击前的孔容和冲击过程中的孔容最大增加值绘制曲线图。

如图 5-12 所示，不同冲击条件下，冲击过程中肥煤孔容最大增加值和初始孔容值变化曲线可以得出，肥煤在不同冲击条件下初始孔容和最大孔容增加值之间呈现"你大我小""你小我大"的趋势，表明无论是在金属丝冲击条件还是含能弹冲击条件，初始孔容越大电脉冲波冲击作用后孔容最大增加值越小，孔容的改造度越差。

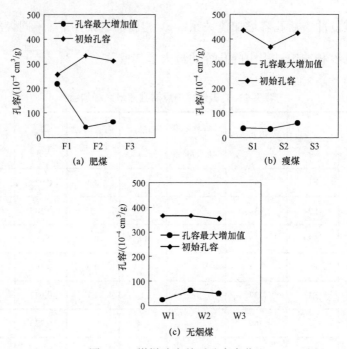

图 5-12 煤样冲击前后孔容变化

瘦煤和无烟煤在不同冲击条件下，孔容的最大增加值与初始孔容值呈现出与肥煤相反的变化趋势，初始孔容越大电脉冲波冲击作用后孔容最大增加值越大，孔容的改善度越好。

相同冲击条件下，冲击过程中前一冲击时刻煤样孔容和阶段性重复冲击后孔容增加值随冲击次数变化绘制曲线图。

如图 5-13 所示，肥煤样品在原始孔容越大，重复冲击后孔容增加值越小，两者之间呈相互消长的趋势。

如图 5-14 所示，瘦煤样品在冲击过程中冲击前孔容与重复冲击后孔容增加值趋势与肥煤一致。冲击前孔容越大，重复冲击改造后孔容增加值越小。

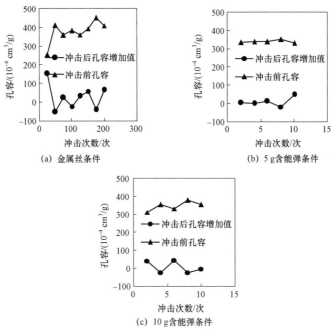

图 5-13 肥煤冲击过程中孔容变化

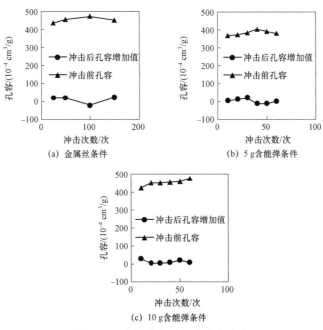

图 5-14 瘦煤冲击过程中孔容变化

如图 5-15 所示，无烟煤样品在冲击过程中冲击前孔容与重复冲击后孔容增加值趋势与肥煤和瘦煤变化趋势一致。

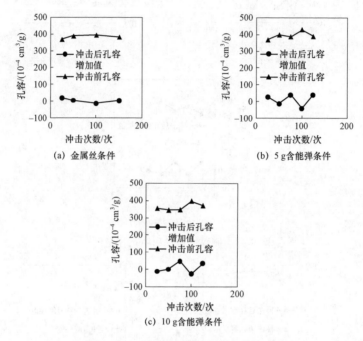

图 5-15　无烟煤冲击过程中孔容变化

相同冲击条件下，不同煤级冲击前的孔容和冲击后的孔容增加值关系，如图 5-16 所示，瘦煤的孔容在三个煤级中最大，其次是无烟煤，最差的是肥煤孔容，重复冲击改造后瘦煤和无烟煤的孔容最大增加值都较小，而初始孔容最差的肥煤重复冲击作用后孔容增加值较大，尤其是在金属丝条件下，肥煤的孔容最大增加值出现一个高值点。

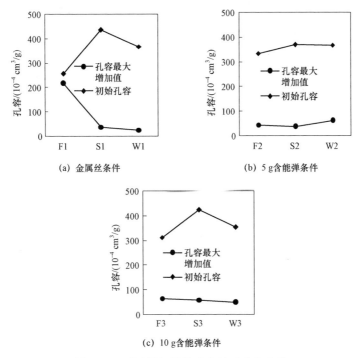

图 5-16　不同煤级样品冲击前后孔容变化

5.2.3.2　孔隙度对电脉冲波储层改造作用的影响

三个煤级氦孔隙度初始值与重复冲击后孔隙度的值之间关系与压汞实验测试结果一致,初始孔隙度越大重复冲击改造后孔隙度增加值越小,孔隙改造度越差。如图 5-17 a 所示,分别在金属丝条件、5 g 含能弹条件、10 g 含能弹条件、15 g 含能弹冲击条件下肥煤样品 F1、F2、F3、F4 孔隙度呈现"V"字形变化趋势,在金属丝和含能混合物重量较大的 15 g 含能弹冲击条件下的肥煤样品 F1 孔隙度改造效果较好。

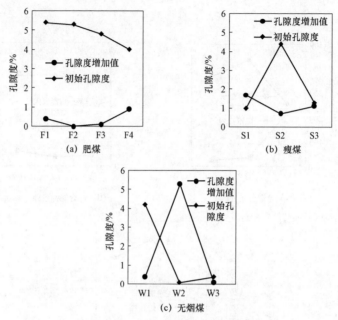

图 5-17　冲击前后煤样孔隙度变化

瘦煤样品在不同冲击条件下的孔隙度增加值与肥煤一致为"V"字形变化趋势，在金属丝和 10 含能弹条件下，孔隙度增加值较大，如图 5-17 b 所示。

无烟煤在不同冲击条件下孔隙度的增加值呈现出与肥煤和瘦煤相反的变化，呈现倒"V"字，孔隙度增加值在 5 g 含能弹冲击条件下最大，如图 5-17 c 所示。

5.2.3.3　渗透率变化特征

三个煤级的初始空气渗透率与重复冲击后渗透率增加值之间关系，如图 5-18 所示，其中瘦煤和无烟煤样品呈现同增同减的趋势，而肥煤样品则与演化程度较高的瘦煤和无烟煤呈相反的趋势，初始渗透率越大，冲击作用下渗透率增加值越小。其中肥煤在 15 g 含能弹冲击条件、瘦煤在 5 g 含能弹冲击条件下无烟煤在 5 g 含能弹冲击条件下，渗透率增加值出现一个高值点，而在这三个冲击条件下煤样的初始渗透率值并无明显规律，因而初始渗透率对电脉冲波致裂增渗效果影响并不大，属不敏感因素。

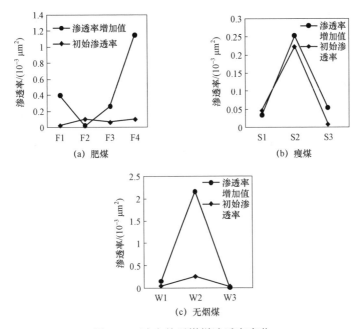

图 5-18　冲击前后煤样渗透率变化

5.3　煤变形特征与致裂效应

5.3.1　煤岩变形与裂隙扩展

煤的力学性质是影响煤储层改造效果的重要因素，为分析煤岩力学强度对致裂效果的影响，对各煤级样品 20 块煤岩岩心力学性质进行了测试。

煤体层面平行力学性质好，垂直力学性质差，为排除这一因素对煤样电脉冲应力波致裂实验结果的影响，以及模拟实际加载条件地层环境，本次实验所有煤样均沿平行层理方向加工，采用平行层里面，并在实验前进行饱和水处理。测试内容为测试内容分别为干燥、饱和水状态下的单轴抗压、抗拉实验，测试方法依据国家标准"煤和岩石物理力学性质测试方法"进行。仪器为珠江三思试验设备有限公司生产的电液伺服试验机（WES-D1000），最大载荷 1 000 kN，准确度等级 0.5。

表 5–5　煤样抗压实验测试结果

煤级	状态	干燥样品				饱和水样品			
		样品编号	抗压强度/MPa	弹性模量/MPa	泊松比	样品编号	抗压强度/MPa	弹性模量/MPa	泊松比
肥煤	平行层理	FY1	6.86	709.02	0.30	FY2	2.17	292.73	0.67
瘦煤	平行层理	SY1	9.70	794.26	0.21	SY2	5.05	547.78	0.22
无烟煤	平行层理	WY1	8.88	825.65	0.15	WY2	5.63	494.95	0.39

整体上，煤级越高，抗压强度和弹性模量增大，泊松比总体上表现出随煤级增加而减小，抗拉强度与煤级之间呈正相关，而干燥样的抗压强度和弹性模量总体上大于饱和水样（表 5-5，表 5-6）。

表 5-6　煤样抗拉实验测试结果

煤级	干燥样品		饱和水样品	
	样品编号	抗拉强度/MPa	样品编号	抗拉强度/MPa
肥煤	FL1	0.24	FL3	0.32
	FL2	0.54	FL4	0.46
瘦煤	SL1	0.28	SL3	0.25
	SL2	0.26	SL4	0 30
无烟煤	WL1	1.18	WL3	1.38
	WL2	0.73	WL4	1.00

注：F，肥煤；S，瘦煤；W，无烟煤；Y，抗拉；FY，肥煤抗压实验；FL，肥煤抗拉实验；以此类推。

如图 5-19、图 5-20 所示，煤体裂隙线密度增加率与弹性模量呈负相关关系，与泊松比呈正相关关系，且随着冲击能量的增加，曲线斜率增加，弹性模量与泊松比的影响程度增大。

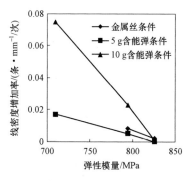

图 5-19　煤样线密度增加率与弹性模量关系

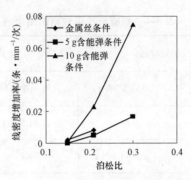

图 5-20 煤样线密度增加率与泊松比关系

如图 5-21、图 5-22 所示，煤体裂隙面密度增加率与弹性模量、泊松比关系与线密度一致变化关系基本一致，随着冲击能量的增加，弹性模量与泊松比的影响程度增大。

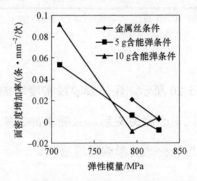

图 5-21 煤样面密度增加率与弹性模量关系

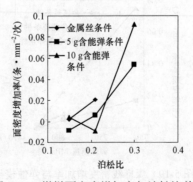

图 5-22 煤样面密度增加率与泊松比关系

5.3.2 煤岩微裂隙的活化

煤岩体中存在很多显微微结构，类似于煤体宏观断层，冲击前煤岩样品中，微结构"断层面"处于闭合状态，周围也少有裂隙。

如图 5-23 所示，冲击后的煤岩样品中，显微微结构周围发育较多裂隙，且微结构中的层面开始发育、演化为裂隙。煤岩体中的微结构主要由演化过程中构造应力形成，后期地层压实作用下闭合。而电脉冲波可使得煤岩体中存在的显微结构重新发育、扩展。

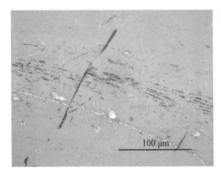

图 5-23 冲击后肥煤样品微结构发育

5.4 煤性质与加载条件配置关系

5.4.1 物性改善度

对比三个煤级肥煤、瘦煤和无烟煤的样品在电脉冲波作用下，孔容的改造特征，可以得出随着煤级升高，孔容增加值减小，其中肥煤在冲击条件为金属丝条件下，孔容的增加值出现一个高点大于瘦煤和无烟煤，如图5-24所示。

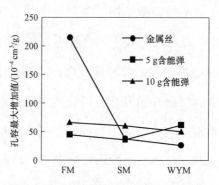

图 5-24 不同煤级样品冲击后孔容变化

对比三个煤级肥煤、瘦煤和无烟煤的样品在电脉冲波作用下，氦孔隙度的改造特征可以得出随着煤级升高，氦孔隙度增加值先增加后减小，瘦煤整体孔隙度改善情况最好。其中，冲击条件为 5 g 含能弹条件下，无烟煤氦孔隙度的增加值出现一个高点大于肥煤和瘦煤，如图 5-25 所示。

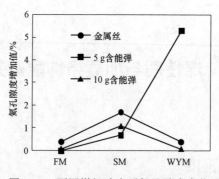

图 5-25 不同煤级冲击后氦孔隙度变化

对比三个煤级肥煤、瘦煤和无烟煤的样品在不同冲击条件电脉冲波作用下渗透率的改造特征，如图 5-26 所示，除 5 g 含能弹条件下随煤级升高，渗透率增加值增大之外，肥煤煤样的渗透率整体改造效果好于瘦煤和无烟煤。

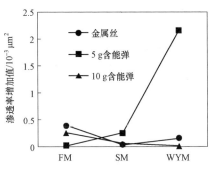

图 5-26　不同煤级冲击后渗透率变化

5.4.2　物性改善效率

为研究不同冲击条件对煤储层孔裂隙改造作用效果，利用压汞实验、显微镜下裂隙观测实验数据，引入总孔容增加率和线、面密度增加率，如表 5-7 所示。对比不同冲击条件下，肥煤、瘦煤和无烟煤孔裂隙改善效率。

如图 5-27 所示，随煤级升高，总孔容增加率不断增大，电脉冲波作用对总孔容改造效率升高，三个煤级煤样在金属丝条件下总孔容增加率值最大；随煤级升高，线密度增加率呈降低趋势，电脉冲波作用下，肥煤线密度增加效率最好，演化程度高的无烟煤线密度增加率最差，三个煤级煤样在 10 g 含能弹条件下线密度增加率值最大；不同冲击条件下，裂隙面密度增加率随煤级升高变化规律与线密度一致，10 g

含能弹条件下,面密度改善效率最高。

综上所述,金属丝条件下孔容增加率最高,含能弹条件下裂隙增加率最高,因而,就改善效率而言,金属丝条件更适合改造孔隙,含能弹条件更适合改造裂隙。

表 5-7　煤样孔裂隙改善效率

煤级	样品编号	总孔容增加率	R^2	线密度增加率	R^2	面密度增加率	R^2
肥煤	F1	0.704	0.598	/	/	/	/
	F2	0.155	0.429	0.017	0.998	0.054	0.808
	F3	0.051	0.360				
	F4	/	/	0.075	0.981	0.092	0.754
瘦煤	S1	3.085	0.353	0.008 2	0.826	0.021	0.65
	S2	0.214	0.149	0.005	0.998	0.006	0.989
	S3	0.37	0.902	0.023	0.888	−0.009	0.957
无烟煤	W1	3.628	0.102	0.002	0.442	0.002	0.170
	W2	0.864	0.495	0	0.535	−0.008	0.849
	W3	0.427	0.609	0.001	0.723	0.004	0.285

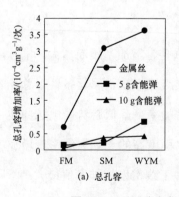

(a) 总孔容

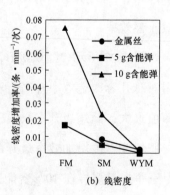

(b) 线密度

图 5-27　不同冲击条件下煤样孔裂隙改善效率

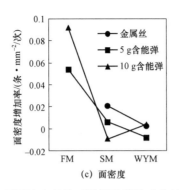

图 5-27　不同冲击条件下煤样孔裂隙改善效率（续）

5.5　小　结

（1）肥煤与瘦煤显微硬度值均较小，所有组分显微硬度值在 HV15.83～52.62 之间，在电脉冲波作用下，裂隙较易扩展。肥煤均质镜质体条带在各组分中显微硬度值最小，平均值为 HV15.83，因此肥煤的裂隙扩展是从均质镜质体开始的。无烟煤显微硬度值非常大，微裂隙在不同冲击条件均未有很好发育扩展，裂隙主要以宽度增加的方式发生扩展。

（2）冲击过程中，显微硬度的演化，主要体现在基质镜质体和镜质组与惰质组夹杂条带的显微硬度的下降，均质镜质体和结构镜质体 2 等单一组分的显微硬度的增加，惰质组显微硬度较大，无明显变化。冲击前煤岩样品显微硬度的压痕图中，瘦煤的裂痕数目发育较多，在外力作用下表现了非常好的冲击裂隙扩展趋势。冲击后的煤岩样品显微硬度压痕出现脆性断裂，该断口属典型疲劳断口特征，存在疲劳条带，随着冲击次数增加，压痕处断裂增加。

（3）显微镜观察结果显示：在冲击载荷作用下，镜质组中微裂隙密度最高，裂隙宽度相对较大，而在惰质组或壳质组中逐渐减小、分叉甚至逐渐闭合，原因在于镜质组显微硬度低、显微脆度较大，抗拉强度较低，在冲击应力波作用下容易产生张剪破坏，均质镜质体条带中微裂隙发育广泛，形态各异，如折线状、直线状、交叉网络状等。在冲击作用下，裂隙在均质镜质体开始萌生，随冲击作用增加向其他组分扩展，是肥煤裂隙发育的主要方式。

（4）煤体中存在的原有结构缺陷是煤体孔隙、微裂隙萌生的最主要部位。冲击载荷作用下，煤体原有的孔隙、裂隙等会使加载力产生应力集中，出现局域的拉伸和剪切变形，导致裂隙扩展和相互连通；新生裂隙尖端扩展到原有结构缺陷处，由于孔隙和裂隙面较裂隙尖端的尺寸改变较缓，应力集中系数变小，若新生裂隙尖端扩展应力不够大，会导致裂隙扩展止于原有结构缺陷部位。在冲击应力波作用下，煤体中大孔及尺寸较大的裂隙首先受到影响而发生扩展，冲击加载次数增多，煤体抗疲劳能力减弱，尺寸相对较小的孔隙、裂隙也开始扩展破裂。

（5）煤级越高，抗压强度和弹性模量增大，泊松比总体上表现出随煤级增加而减小，抗拉强度与煤级之间呈正相关，而干燥样的抗压强度和弹性模量总体上大于饱和水样。微观上肥煤中存在显微硬度小的均质镜质体条带，宏观上煤体中存在力学性质薄弱的镜煤条带，导致肥煤力学性质差，使得肥煤在含能弹条件下过早破裂，孔隙、微裂隙发育不完全。煤体裂隙线密度增加率与弹性模量呈负相关关系，与泊松比呈正相关关系，且随着冲击能量的增加，曲线斜率增加，弹性模量与泊松比的影响程度增大。电脉冲波可使得煤岩体中存在的显微结构重新发育、扩展。

（6）煤级升高，电脉冲波作用对总孔容改造效率升高，线密度增加率呈降低趋势，电脉冲波作用下，肥煤线密度增加效率最好，演化程度高的无烟煤线密度增加率最差，不同冲击条件下，裂隙面密度增加率随煤级升高变化规律与线密度一致。金属丝条件下不同煤级煤样孔容增加率最高，含能弹条件下不同煤级样品裂隙增加率最高，因而金属丝条件更适合改造孔隙，含能弹条件更适合改造裂隙。

第6章　重复电脉冲煤岩致裂增渗机理

本章基于肥煤、瘦煤和无烟煤煤样的观测分析结果，采用 R 型因子分析中的主成分分析方法，进一步揭示电脉冲波作用下煤岩物性因素之间关系及其对致裂增渗效果的影响和机理。

6.1　电脉冲波煤岩致裂增渗主控因素

为了进一步揭示电脉冲波作用下物性因素的关系及其对致裂增渗效果的影响，对肥煤、瘦煤和无烟煤样品在不同冲击条件下煤样初始氦孔隙度、孔容、渗透率、显微硬度、显微组分含量等物性因素和冲击后氦孔隙度增加值、渗透率增加值、孔容最大增加值、线、面密度增加值等物性因素，采用 R 型因子分析中的主成分分析方法，经方差极大正交旋转。

因子分析法是多元统计分析的一种方法，它的基本思想在于：通过探讨众多变量之间的相互依存关系，进而探索调查的数据中的基本结构，并且利用少量的假想变量（即因子）来表示这种结构。这些因子能够反映原来众多观测变量所代表的主要信息，并解释这些观测变量之间的相互依存关系。因子分析法可以利用有限个不可观测的隐变量来解释原始变量之间的相关关系，借助这一功能对电脉冲波煤岩致裂增渗效果的影响因素数据进行分析处理，筛选出主控因素，并根据各物性因素相互影响关系进行分类，对电脉冲波作用下煤岩物性因素和加载条件配置关系评价具有一定的指导意义。

金属丝冲击条件下提取了两个最重要的公因子 F1、F2，代表了原始数据全部信息的 100%，如表 6-1 所示。

表 6-1　金属丝条件煤样物性因素因子载荷矩阵（经过方差极大旋转）

影响因素	因子载荷系数		影响因素	因子载荷系数	
	F1	F2		F1	F2
初始渗透率	**0.997**	0.076	显微硬度	0.453	**−0.892**
总孔容	**0.905**	−0.426	总孔容最大增加值	**−1.000**	−0.007
大孔孔容	**−0.888**	0.460	氢孔隙度增加	0.543	**0.840**
中孔孔容	0.543	**0.840**	线密度最大增加值	0.773	0.635
小孔孔容	**0.945**	0.327	面密度最大增加值	0.498	**0.867**
微孔孔容	**0.971**	0.241	渗透率增加值	**−0.953**	−0.301
裂隙线密度	−0.139	**0.990**	最大冲击次数	**−0.890**	−0.456
裂隙面密度	0.366	**0.931**	/	/	/
镜质组含量	−0.172	**0.985**	方差贡献率/%	52.927	47.073
惰质组含量	−0.196	**−0.981**	累计方差贡献率/%	52.927	100.00

F1 因子的方差贡献率为 52.927%，表明其对电脉冲波作用下煤岩致裂增渗效果具有决定性的影响。它主要包括初始渗透率、总孔容、

小孔孔容、微孔孔容、大孔孔容、总孔容最大增加值、渗透率增加值、最大冲击次数，其中初始渗透率、总孔容、小孔孔容、微孔孔容和总孔容最大增加值与主导因子正相关，大孔孔容、总孔容最大增加值、渗透率增加值和最大冲击次数等因子与主导因子负相关，相关系数均大于 0.8。

F2 因子的方差贡献率占总方差贡献率的 47.073%，主要包括中孔孔容、裂隙线密度、裂隙面密度、显微硬度、镜质组含量、惰质组含量、氦孔隙度增加值、面密度最大增加值，其中中孔孔容、裂隙线密度、裂隙面密度、镜质组含量、氦孔隙度增加值和面密度最大增加值与主导因子正相关，显微硬度、惰质组含量与主导因子负相关。因而，在金属丝条件下，影响电脉冲波致裂增渗的物性因素 F1 和 F2，根据其因子组分的主要组成可以确定 F1 主要为孔隙物性，F2 主要为煤岩组分性质及裂隙物性。在金属丝条件下，孔隙物性影响较大，其次为煤岩组分性质及裂隙物性。

特将 SPSS 软件主成分分析中的特征值设置大于 1，可以生成电脉冲波作用下物性因素及其变化特征的旋转空间成分图（图 6-1），可据此将以上 17 种物性因子分为 4 组，裂隙线、面密度及其最大增加值与镜质组含量为一组，这是因为镜质组显微硬度小，易萌生发育裂隙；大孔孔容和总孔容增加值、渗透率增加值、最大冲击次数为一组，这四种物性因子元素为一组，煤岩在电脉冲波作用下，首先从尺寸较大的大孔开始破裂，因而大孔孔容越大，煤岩孔裂隙发育越好，冲击过程总孔容、渗透率增加值越大，其他两组为煤岩自身物性分类。

　　5 g 含能弹冲击条件下提取了两个最重要的公因子 F1、F2，代表了原始数据全部信息的 100%，如表 6-2 所示。

　　F1 因子的方差贡献率为 58.608%，表明其在含能弹条件下 5 g 对电脉冲波作用下煤岩致裂增渗效果具有决定性的影响。它主要包括裂隙线密度、裂隙面密度、镜质组含量、惰质组含量、显微硬度、总孔容最大增加值、氦孔隙度增加值、线密度最大增加值、面密度最大增加值、渗透率增加值，其中裂隙面密度、惰质组含量、显微硬度、总孔容最大增加值、氦孔隙度增加值、渗透率增加值与主导因子正相关，裂隙线密度、镜质组含量、线密度和面密度最大增加值与主导因子负相关。

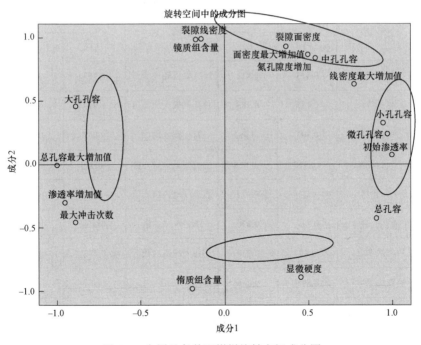

图 6-1　金属丝条件下煤样旋转空间成分图

F2 因子的方差贡献率占总方差贡献率的 41.392%，主要包括初始渗透率、总孔容、大孔孔容、中孔孔容、小孔孔容、微孔孔容，其中大孔孔容和中孔孔容与主导因子正相关，初始渗透率、总孔容、大孔孔容、中孔孔容、小孔孔容和微孔孔容与主导因子负相关，相关系数均大于 0.8。因而，在 5 g 含能弹条件下，影响电脉冲波致裂增渗的物性因素 F1 和 F2，根据其因子组分的主要组成可以确定 F1 主要为煤岩组分性质及裂隙物性，F2 主要为孔隙物性。在 5 g 含能弹条件下，煤岩组分性质及裂隙物性影响较大，其次为孔隙物性。

表 6-2　5 g 含能弹条件物性因素因子载荷矩阵（经过方差极大旋转）

影响因素	因子载荷系数		影响因素	因子载荷系数	
	F1	F2		F1	F2
初始渗透率	0.413	**0.911**	显微硬度	**0.953**	0.304
总孔容	0.185	**0.983**	总孔容最大增加值	**0.999**	−0.035
大孔孔容	0.307	**−0.952**	氦孔隙度增加	**0.907**	0.421
中孔孔容	−0.210	**−0.978**	线密度最大增加值	**−0.959**	0.283
小孔孔容	−0.228	**0.974**	面密度最大增加值	**−0.844**	−0.536
微孔孔容	0.142	**0.990**	渗透率增加值	**0.916**	0.401
裂隙线密度	**−0.972**	0.234	最大冲击次数	0.782	0.623
裂隙面密度	**0.895**	0.446	/	/	/
镜质组含量	**−0.996**	0.092	方差贡献率/%	58.608	41.392
惰质组含量	**0.998**	−0.058	累计方差贡献率/%	58.608	100.00

5 g 含能弹条件电脉冲波作用下物性因素及其变化特征的旋转空间成分图,如图 6-2 所示,可据此将以上 17 种物性因子分为 4 组,其中镜质组含量和惰质组含量与裂隙线、面密度增加等物性因素各为一组,原因主要为镜质组和惰质组的成分组合和硬度、脆度差异,导致微裂隙扩展的差异,其他两组仍为煤岩自身物性分类。

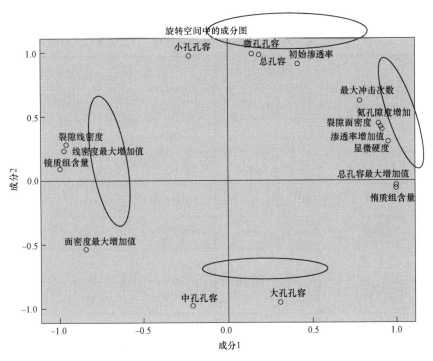

图 6-2　5 g 含能弹条件下煤样旋转空间成分图

10 g 含能弹冲击条件下提取了两个最重要的公因子 F1、F2,代表了原始数据全部信息的 100%,如表 6-3 所示。各因子代表的物性因素组合分别为:F1 因子代表元素组合主要为初始渗透率、大孔孔容、微孔孔容、裂隙面密度、总孔容最大增加值、氦孔隙度增加值、线密度最大增加值、面密度最大增加值；F2 因子代表元素组合为总孔容、中孔孔容、裂隙线密度、镜质组含量、惰质组含量、显微硬度、最大冲击次数。因而，在 10 g 含能弹条件下，影响电脉冲波致裂增渗的物性因素 F1 和 F2，根据其因子组分的主要组成可以确定 F1 主要为孔裂隙物性，F2 主要为煤岩组分性质。在 10 g 含能弹条件下，裂隙物性影响较大，其次为孔隙物性。

表 6-3　10 g 含能弹条件物性因素因子载荷矩阵（经过方差极大旋转）

影响因素	因子载荷系数		影响因素	因子载荷系数	
	F1	F2		F1	F2
初始渗透率	**−0.957**	0.289	显微硬度	−0.213	**−0.977**
总孔容	0.158	**−0.987**	总孔容最大增加值	**−0.998**	0.068
大孔孔容	**0.892**	0.452	氦孔隙度增加	**0.952**	0.307
中孔孔容	0.210	**0.978**	线密度最大增加值	**0.826**	0.563
小孔孔容	0.952	0.307	面密度最大增加值	**−0.980**	−0.197
微孔孔容	**0.965**	−0.263	渗透率增加值	−0.631	0.775
裂隙线密度	0.340	**0.941**	最大冲击次数	0.148	**−0.989**
裂隙面密度	**0.941**	0.340			
镜质组含量	0.544	**0.839**	方差贡献率/%	54.284	45.716
惰质组含量	−0.550	**−0.835**	累计方差贡献率/%	54.284	100.00

10 g 含能弹条件电脉冲波作用下物性因素及其变化特征的旋转空间成分图，如图 6-3 所示，可据此将以上 17 种物性因子分为

3组，其中各级孔孔容与氦孔隙度增加值、裂隙线密度最大增加值为一组，原因主要为随着冲击能量的增大，尺寸较小的小微孔开始破裂，由图6-1～图6-3可知，微小孔在总孔容占有较大比例，因而在10 g含能弹条件下对致裂增渗效果影响较大。显微硬度、惰质组含量、总孔容与最大冲击次数为一组，显微硬度决定显微组分的机械强度、惰质组显微硬度较大，机械强度较好，其含量直接影响煤岩体的力学强度，因而影响着煤体在冲击作用下解体的最大冲击次数。

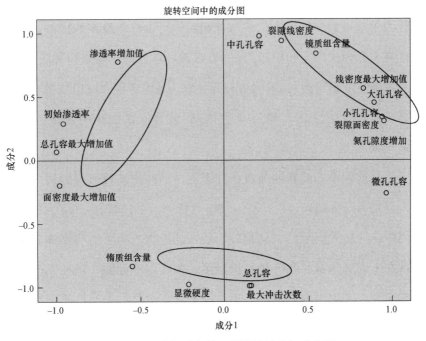

图6-3　10 g含能弹条件下煤样旋转空间成分图

6.2 电脉冲波煤岩致裂增渗力学机制

6.2.1 冲击载荷作用下煤体受力特点

实际的固体总是可压缩的，当处于静力学平衡的固体材料受到冲击载荷作用时，材料表面质点将产生变形，并产生相应的应力，由于材料质点的惯性效应，表面的变形和应力扰动必向内部传播。应力可以分为垂直应力和剪应力，波与此相应地可以分为纵波和横波。由于垂直应力分为压应力和拉应力，所以纵波可以分为压缩波和稀疏波（也称为拉伸波或膨胀波）。纵波可在固、液、气等各种介质中传播，并引起介质体积发生变化。横波（也称 S 波只能在固体中传播）传播方向与质点运动方向垂直。

实验过程中不同脉冲加载条件下测得的冲击波波形得到最大峰值压力分别为：金属丝，2.5 MPa；5 g 含能弹，4.0 MPa；10 g 含能弹，5.0 MPa；15 g 含能弹，5.4 MPa。较低的冲击应力下能将煤体破坏，关键在于煤体本身存在各种结构缺陷，如孔隙和裂隙、颗粒界面等薄弱结构面。又由于电脉冲波为重复冲击，随煤样的力学性质不同，煤体的最大冲击次数不同，煤岩裂隙萌生、扩展直至失稳解体属疲劳断裂。

如 6.1.2 节阐释，这些缺陷的存在，使得加载于煤体上的力在缺陷附近产生应力集中现象，在裂纹尖端区域应力集中程度与裂纹尖端的曲率半径有关，裂纹越尖锐，应力集中的程度越高。这种应力集中必然导致材料的实际断裂强度远低于该材料的理论断裂强度，细观尺度上孔隙、裂隙周围可以出现局域的拉伸、压缩和剪切变形（Costin，1981）。

对试件侧面施加较低的电脉冲载荷时，冲击产生的压缩波沿平行层理面方向传播，由于煤体单元抗压强度较抗拉强度大得多，故产生的应变较小（图 6-4A）；波传递到煤体孔隙、裂隙界面上，使得应力在这些弱结构面附近集中，当应力大于煤体原始应力与弱面黏聚力之和时，煤体裂隙将发生扩张（图 6-4B），同时在弱结构面附近萌生张性和剪性微裂隙（图 6-5）。

依据经典断裂力学理论，由于介质中裂纹受力形式的不同，将介质中存在的裂纹分为张开型裂纹（Ⅰ型）、滑开型裂纹（Ⅱ型）及撕开型裂纹（Ⅲ型）三种基本形式，界面如图 6-6 所示。

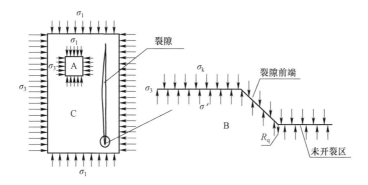

图 6-4　冲击载荷作用下煤体受力分析

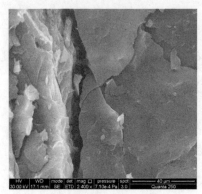 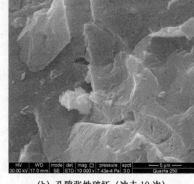

(a) 裂隙剪性破坏（冲击 4 次）　　　　　(b) 孔隙张性破坏（冲击 10 次）

图 6-5　冲击加载后的肥煤试件扫描电子显微镜照片

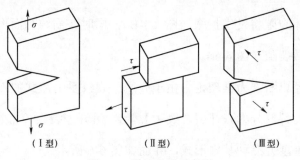

（Ⅰ型）　　　　　（Ⅱ型）　　　　　（Ⅲ型）

图 6-6　裂纹类型示意图

　　张开型裂纹是指裂纹面受到垂直于裂纹面的拉应力作用，而产生张开位移所形成的一种裂纹，张开位移的方向与拉应力的方向相同，且上下面的位移呈对称布置；滑开型裂纹是指裂纹面受到平行于裂纹面且与裂纹扩展方向相同的剪应力作用，而产生相对滑动所形成的一种裂纹，滑动位移方向与剪应力方向相同，且上下面的切向位移呈反对称布置；撕开型裂纹是指受到平行于裂纹面而与裂纹扩展方向垂直的剪应力作用，而产生相对错开滑动所形成的一种裂纹，其上下裂纹面的位移呈间断布置。通过对煤体电脉冲波作用下煤岩光片显微镜、扫描电镜孔裂隙扩展观测分析可知，以上三种力学特征的裂隙扩展类型均存在。

6.2.2　疲劳裂纹演化机理

6.2.2.1　裂纹的萌生

疲劳裂纹的萌生、扩展和断裂对应着种种机制，这些机制分别说明微观裂纹是在晶界、孪晶界、夹杂、微观结构或成分的不均匀区，以及微观或宏观的应力集中部位形成。

纽曼模型以晶体中两个滑移面系统的交变滑移和形变强化为基础，解释了滑移带内裂纹的萌生及扩展，该模型可用图6-7来说明。

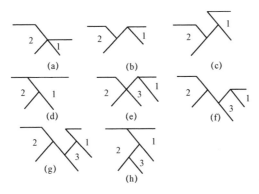

图6-7　滑移带中裂纹的萌生及成长模型

滑移带中裂纹的萌生及成长模型主要为两正交的滑移系1、2，在拉张应力作用下，发生的相互滑移运动，最后形成滑移系 1、2、3，分别为图 6-8（g）、图 6-8（h）状态，进一步重复拉张应力作用，即造成裂纹的不断延伸。该模型解释了疲劳过程中滑移与裂纹形成的关系，虽然它是一个理想化的模型，这种裂纹的形成在电脉冲作用下的煤岩样品的扫描电镜观察中可以证实。

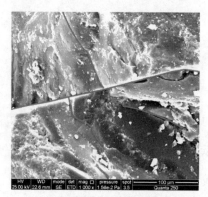 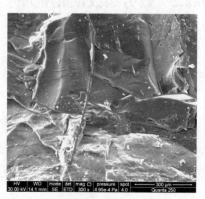

(a) 裂隙萌生（冲击 2 次）　　　　　　　　(b) 裂隙萌生（冲击 10 次）

图 6-8　冲击加载后的肥煤试件扫描电子显微镜照片

6.2.2.2　裂隙的扩展

煤岩样品疲劳裂纹的失稳扩展与材料的一次断裂具有相同的特征，因此本节讨论的疲劳裂纹扩展是指从疲劳裂纹生核直到失稳扩展发生前的亚临界扩展过程，即疲劳裂纹的缓慢扩展过程。

疲劳裂纹的亚临界扩展是一个不连续的过程，该过程可以分为两个阶段，即疲劳裂纹扩展的第 1 阶段和疲劳裂纹扩展的第 2 阶段。

第 1 阶段属于显微裂纹的扩展。该阶段的裂纹扩展是由剪切应力所控制的，所以裂纹沿着与应力轴成 45° 的方向。当微观裂纹扩展到一定深度以后，裂纹的扩展方向变为与应力轴垂直的方向，进入裂纹扩展的第 2 阶段，如图 6-9 所示。裂纹扩展第 2 阶段断口的微观特征是疲劳纹，如图 5-6 所示，所以裂纹的扩展机制应能解释疲劳纹的产生。如图 4-7、图 4-10、图 4-16 所示，肥煤、瘦煤和无烟煤样品在不同冲击次数下，在冲击裂隙扩展，主要以与应力轴成一定方向的短小裂隙开始，随即出现与应力轴垂直的长裂隙。

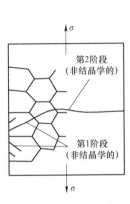

图 6-9　疲劳裂纹扩展阶段

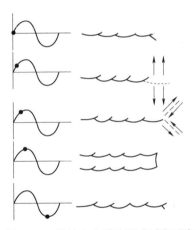

图 6-10　脆性疲劳裂纹形成过程示意图

莱尔德（G.Laird）与史密斯（G.C.Smith）提出了非结晶学模型用以描述疲劳裂纹第 2 阶段的扩展，该模型也称为塑性钝化模型，所谓塑性钝化模型是指疲劳裂纹是由裂纹顶端的钝化—锐化—再钝化这种循环来进行扩展的一种模型。对于煤体脆性材料，其疲劳裂纹的扩展机制如图 6-10 所示，在最大张应力作用下，裂纹顶端以解理的方式向前扩展，而且裂纹顶端也会发生塑变而钝化，并留下脆性疲劳纹的痕迹。在电脉冲波作用下的煤岩样品在显微镜下能够观测到这种疲劳纹，如图 6-11 所示。

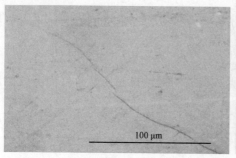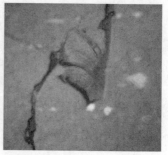

图 6-11　肥煤样品在金属丝冲击条件下裂隙发育特征×500（冲击 100 次）

6.3　小　结

（1）采用 R 型因子分析中的主成分分析方法，对不同冲击条件下煤样初始氦孔隙度、孔容、渗透率、显微硬度、显微组分含量等物性因素和冲击后氦孔隙度增加值、渗透率增加值、孔容最大增加值、线、面密度增加值等物性因素，进行主成分分析，并将 SPSS 软件主成分分析中的特征值设置大于 1，获得电脉冲应力波作用下物性因素及其变化特征的旋转空间成分图，分析结论与上文中分析得出的结论吻合。

（2）实验过程中在较低的冲击应力下能将煤体破坏，关键在于煤体本身存在各种结构缺陷，电脉冲应力波为重复冲击，煤岩裂隙萌生、扩展直至失稳解体属疲劳断裂，电脉冲应力波作用下煤体中张开型裂纹、滑开型裂纹及撕开型裂纹三种形式裂隙扩展类型均存在。

（3）裂隙的萌生可以用晶体中两个滑移面系统的交变滑移和形变强化为基础的纽曼模型来说明。裂隙的扩展可以分为两个阶段，第

1 阶段的裂纹扩展是由剪切应力所控制的，所以裂纹沿着与应力轴成 45° 的方向。当微观裂纹扩展到一定深度以后，裂纹的扩展方向变为与应力轴垂直的方向，进入裂纹扩展的第 2 阶段，煤岩裂隙顶端以钝化—锐化—再钝化这种循环来进行扩展，并留下脆性疲劳纹的痕迹。

第7章 结 论

　　基于不同煤级大煤样的重复电脉冲波加载物理模拟实验，结合煤岩学手段，分析煤岩孔裂隙扩展特征，探索煤岩学组成及物理性质对电脉冲波加载致裂效果的影响，确定煤性质与加载条件配置关系，为优化该技术现场作业设计提供依据。

　　第一，基于高聚能重复强脉冲波物理模拟实验，统计描述加载前后煤样裂隙数量、长度、宽度、形态特征，分析裂缝的线密度、面密度等与电脉冲应力波加载次数、强度的关系，进而采用分形方法描述了加载过程中裂隙的分布与演变特点。

　　（1）压汞实验显示，随冲击次数变化，煤样总孔容呈波动增大的趋势，而大、中孔与小、微孔孔容则呈此消彼长的变化趋势。肥煤 F2、F3 增加幅度弱于 F1 煤样，主要原因是前两煤样在含能弹的条件下，较大冲击力作用下迅速破碎，冲击波对煤体内部孔隙的作用没有得到很好的展现。瘦煤和无烟煤孔容变化幅度弱于肥煤，总孔容波动趋势和微孔隙波动趋势基本一致，孔隙总孔容变化主要贡献来自于微孔，冲击作用对孔隙的影响尺寸达到了微孔水平。

　　（2）电脉冲波作用下，煤不同孔径孔容随冲击次数变化的波动程度大小，反映应作用过程孔隙结构的调整程度大小。在金属丝冲击条件下，肥煤 F1 样孔容随冲击次数变化的波动程度大于含能弹冲击条件下的 F2、F3 煤样，说明在金属丝条件有利于微小孔的萌生发育。含能弹条件下，瘦煤和无烟煤孔容波动幅度较大，改造作用优于纯金属丝加载条件。

（3）金属丝条件下，冲击次数增加，三个煤级煤样孔隙度均得到很好的改善，肥煤孔隙度改善程度明显好于其他两个煤级。5 g 和 10 g 含能弹条件下，肥煤样在冲击 10 次时就发生解体，孔隙度增加有一定限度；瘦煤和无烟煤的孔隙度均有不同程度的增大，增幅略大于金属丝条件，含能弹冲击条件使得其孔隙改善作用更优。

（4）肥煤微裂隙主要是从裂隙较发育的均质镜质体中开始萌生发育，随冲击次数增加向其他组分扩展，裂隙互相连通，长度增加。瘦煤样在金属丝条件下的冲击初期处于裂隙孕育期，达一定冲击次数时裂隙迅速增长，最终导致煤样破裂解体；含能弹冲击条件下，裂隙在冲击初期即开始增生扩展，随后越来越发育。无烟煤微裂隙密度在冲击作用下增加并不明显，裂隙扩展主要为原有裂隙的宽度增加。

（5）煤样在不同冲击次数下的分形维数呈现波动趋势，主要原因是冲击作用下显微裂隙数量的增多及裂隙扩展长度的增大，在不同的冲击次数时以一种作用为主导。裂隙萌生和扩展作用的交替作用，使裂隙不断发育，煤体渗透性得到改善。

第二，耦合分析显微组分种类、组合、显微硬度、煤体力学性质、显微结构、煤级等因素与加载作用下煤体微裂隙发育特征之间的关系，阐释孔隙结构、渗透率等在不同加载条件下对致裂效果的影响，确定了煤性质与加载条件配置关系。

（1）肥煤与瘦煤显微硬度值均较小，所有组分显微硬度值在 HV15.83～52.62 之间，在电脉冲波作用下，裂隙较易扩展。肥煤均质镜质体条带在各组分中显微硬度值最小，平均值为 HV15.83，因此肥煤的裂隙扩展是从均质镜质体开始的。无烟煤显微硬度值非常大，微裂隙在不同冲击条件均未有很好发育扩展，裂隙主要以宽度增加的方式发生扩展。

（2）冲击过程中，显微硬度的演化，主要体现在基质镜质体和镜质组与惰质组夹杂条带的显微硬度的下降，均质镜质体和结构镜质体 2 等单一组分的显微硬度的增加，惰质组显微硬度较大，无明显变化。冲击前煤岩样品显微硬度的压痕图中，瘦煤的裂痕数目发育较多，在外力作用下表现了非常好的冲击裂隙扩展趋势。冲击后的煤岩样品显微硬度压痕出现脆性断裂，该断口属典型疲劳断口特征，存在疲劳条带，随着冲击次数增加，压痕处断裂增加。

（3）显微镜观察结果显示：在冲击载荷作用下，镜质组中微裂隙密度最高，裂隙宽度相对较大，而在惰质组或壳质组中逐渐减小、分叉甚至逐渐闭合，原因在于镜质组显微硬度低、显微脆度较大，抗拉强度较低，在冲击应力波作用下容易产生张剪破坏，均质镜质体条带中微裂隙发育广泛，形态各异，如折线状、直线状、交叉网络状等。在冲击作用下，裂隙在均质镜质体开始萌生，随冲击作用增加向其他组分扩展，是肥煤裂隙发育的主要方式。

（4）煤体中存在的原有结构缺陷是煤体孔隙、微裂隙萌生的最主要部位。冲击载荷作用下，煤体原有的孔隙、裂隙等会使加载力产生应力集中，出现局域的拉伸和剪切变形，导致裂隙扩展和相互连通；

新生裂隙尖端扩展到原有结构缺陷处，由于孔隙和裂隙面较裂隙尖端的尺寸改变较缓，应力集中系数变小，若新生裂隙尖端扩展应力不够大，会导致裂隙扩展止于原有结构缺陷部位。在冲击应力波作用下，煤体中大孔及尺寸较大的裂隙首先受到影响而发生扩展，冲击加载次数增多，煤体抗疲劳能力减弱，尺寸相对较小的孔隙、裂隙也开始扩展破裂。

（5）煤级越高，抗压强度和弹性模量增大，泊松比总体上表现出随煤级增加而减小，抗拉强度与煤级之间呈正相关，而干燥样的抗压强度和弹性模量总体上大于饱和水样。微观上肥煤中存在显微硬度小的均质镜质体条带，宏观上煤体中存在力学性质薄弱的镜煤条带，导致肥煤力学性质差，使得肥煤在含能弹条件下过早破裂，孔隙、微裂隙发育不完全。煤体裂隙线密度增加率与弹性模量呈负相关关系，与泊松比呈正相关关系，且随着冲击能量的增加，曲线斜率增加，弹性模量与泊松比的影响程度增大。电脉冲波可使得煤岩体中存在的显微结构重新发育、扩展。

（6）煤级升高，电脉冲波作用对总孔容改造效率升高，线密度增加率呈降低趋势，电脉冲波作用下，肥煤线密度增加效率最好，演化程度高的无烟煤线密度增加率最差，不同冲击条件下，裂隙面密度增加率随煤级升高变化规律与线密度一致。金属丝条件下不同煤级煤样孔容增加率最高，含能弹条件下不同煤级样品裂隙增加率最高，因而金属丝条件更适合改造孔隙，含能弹条件更适合改造裂隙。

第三，采用 R 型因子主成分分析方法，进一步揭示了电脉冲波作用下煤岩物性因素关系及其对致裂增渗效果的影响，结合疲劳与断裂力学理论，分析了煤岩孔裂隙受力特征及发育机理。

（1）采用 R 型因子分析中的主成分分析方法，对不同冲击条件下煤样初始氦孔隙度、孔容、渗透率、显微硬度、显微组分含量等物性因素和冲击后氦孔隙度增加值、渗透率增加值、孔容最大增加值、线、面密度增加值等物性因素，进行主成分分析，并将 SPSS 软件主成分分析中的特征值设置大于 1，获得电脉冲应力波作用下物性因素及其变化特征的旋转空间成分图，分析结论与上文结论一致。

（2）实验过程中在较低的冲击应力下能将煤体破坏，关键在于煤体本身存在各种结构缺陷，电脉冲应力波为重复冲击，煤岩裂隙萌生、扩展直至失稳解体属疲劳断裂，电脉冲应力波作用下煤体中张开型裂纹、滑开型裂纹及撕开型裂纹三种形式裂隙扩展类型均存在。

（3）裂隙的萌生可以用晶体中两个滑移面系统的交变滑移和形变强化为基础的纽曼模型来说明。裂隙的扩展可以分为两个阶段，第 1 阶段的裂纹扩展是由剪切应力所控制的，所以裂纹沿着与应力轴成 45° 的方向。当微观裂纹扩展到一定深度以后，裂纹的扩展方向变为与应力轴垂直的方向，进入裂纹扩展的第 2 阶段，煤岩裂隙顶端以钝化—锐化—再钝化这种循环来进行扩展，并留下脆性疲劳纹的痕迹。

参考文献

［1］ Costin L S, Holcomb D J. Time-dependent failure of rock under cyclic loading ［J］. Tectonophysics, 1981, 79(3): 279-296.

［2］ Husdson J A. Excitation and propagations ［M］. Cambrige: Cambridge University Press, 1980.

［3］ He Hongliang, Ahrens T J. Mechanical properties of shock- damaged rocks ［J］. Int J Rock Mech Min Sci & Geomech Abstr, 1994, 31(5): 525-533.

［4］ Kutter H K, Fairhurst C F. On the fracture process in blasting ［J］. Rock Mech, 1971, 22(8): 181-202.

［5］ Kachanov L M. On the time to failure under creep conditions, Izv ［J］. AN SSSR, Ot. Tekhn. Nauk, 1958, 8: 26-31.

［6］ Kutter H K, Fairhurst Fairhurst C. On the fracture process in blasting ［J］. Int. J. of Rk. Mech. & Min. Sci, 1971 (3): 181-202.

［7］ Gamson P D, Beamish B B, Johnson D P. Coal microstructure and mieropermeability and their effects on natural gas recovery［J］. Fuel, 1993, 72: 87-99.

［8］ Lemaitre J. Evaluation of dissipation and damage in metals submitted to dynamic loading [A]. In: Proc ICM-1 [C]. Kyoto, 1971.

[9] Laubach S E, Marrett R A, Olson J E, et al. Characteristics and origins of coal cleat: A review [J]. International Journal of Coal Geology, 1998, 35: 175-207.

[10] McKee C R, Bumb A C, Koenig R A. Stress-dependent permeability and porosity of coal [M]. Sanjuan Basin: Coalbed methane, 1988.

[11] Perrrt W R. Bass R C. Free field ground motion induced by underground explosions [R]. SAND, 74-0252, Sandia Laboratory, Albuquerque, New Mexico, 1975.

[12] Thorne B J. A damage model for rock fragmentation and comparison of calculations with blasting experiments in granite [R]. Sandia National Labs., Albuquerque, NM(USA), 1990.

[13] Thorne B J. Application of a damage model for rock fragmentation to the straight creek mine blast experiments [R]. Sandia National Labs. , Albuquerque, NM(United States), 1991.

[14] Rubin M B, Vorobiev O Y, Glenn L A. Mechanical and numerical modeling of a porous elastic-viscoplastic material with tensile failure [J]. Int. J Solids and Structures, 2000, 37: 1841-1871.

[15] Rubin A M, Ahrens T J. Dynamic tensile failure induced velocity deficits in rock [J]. Geophys Res Lett. , 1991, 18(2): 219-223.

[16] Shi J Q, Durucan S. A model for changes in coalbed permeability during primary and enhanced methane recovery [J]. SPE Reservoir Evaluation & Engineering, August, 2005: 291-299.

［17］ Sommerton W J, Soylemezoglu I M , Dudley R C. Effect of stress on permeability of coal ［J］. Int J Rock Mech. Min. Sci. and Geomech. Abstr. , 1975, 12(2): 129-145.

［18］ Stevens J L, Rimer N, Day S M. Constraints on modeling of underground explosions in granite ［R］. Report SSS-R-87-8312. S-Cubed Division, Maxwell Labs, 1986.

［19］ Wyllie M R J. An experimental in westigation of factor affecting elasic wave velocities in porous medium ［J］. Geophysics, 1958, 23(3): 162-241.

［20］ Yao Yan-bin, Liu Da-meng, Tand Da-zhen, et al. A comprehensive model for evaluating coalbed methane reservoirs in China［J］. Acta Geologica Sinica: English edition, 2008, 82(6): 1253－1270.

［21］ Honda H, Sanada Y. Hardness of coal ［J］. Fuel, 1956, 35(4): 451-461.

［22］ А. С. Арцер，В. Ф. Добронравов，何培寿. 镜质组的显微硬度是煤的还原程度指标 ［J］. 地质地球化学，1986（8）：13-18.

［23］ 敖卫华，孙庆云，黄文辉，等. 煤显微硬度测定方法改进［J］. 煤炭科学技术，2014（1）：294-296.

［24］ 白建梅，程浩，祖世强，等. 大功率脉冲技术对低产煤层气井增产可行性探讨 ［J］. 中国煤层气，2010，7（6）：24-26.

［25］ 陈鹏，黄启震. A new method of estimating the elastic moduli of coal macerals by microhardness testing ［J］. 中国科学，1963，12（6）：917.

[26] 蔡峰. 高瓦斯低透气性煤层深孔预裂爆破强化增透效应研究 [D]. 淮南：安徽理工大学，2009.

[27] 蔡峰，刘泽功，LUO Yi. 爆轰应力波在高瓦斯煤层中的传播和衰减特性 [J]. 煤炭学报，2014（3）：110-114.

[28] 褚怀保. 煤体爆破作用机理及试验研究 [D]. 焦作：河南理工大学，2011.

[29] 董永香，冯顺山，李学林. 爆炸波在硬-软-硬三明治介质中传播特性的数值分析 [J]. 弹道学报，2007，19（1）：59-63.

[30] 董永香，夏昌敬，段祝平. 平面爆炸波在半无限混凝土介质中传播与衰减特性的数值分析 [J]. 工程力学，2006（2）：60-65.

[31] 冯诗庆，王绍章. 用显微硬度和显微脆度鉴别煤的还原程度[J]. 煤田地质与勘探，1991（5）：30-34.

[32] 傅雪海，秦勇，李贵中. 现代构造应力场中煤储层孔裂隙应力分析与渗透率研究 [A]. 中国地质学会. 第四届全国青年地质工作者学术讨论会论文集 [C]. 中国地质学会，1999：5.

[33] 傅雪海，秦勇. 多相介质煤层气储层渗透率预测理论与方法 [M]. 徐州：中国矿业大学出版社，2003.

[34] 傅雪海，陆国桢，秦杰，等. 用测井响应值进行煤层气含量拟合和煤体结构划分 [J]. 测井技术，1999（2）：32-35.

[35] 傅雪海，秦勇，薛秀谦，等. 煤储层孔、裂隙系统分形研究 [J]. 中国矿业大学学报，2001（3）：11-14.

[36] 傅雪海，秦勇，姜波，等. 多相介质煤岩体力学实验研究[J]. 高校地质学报，2002（4）：446-452.

[37] 顾德祥. 低透气性突出煤层强化增透瓦斯抽采技术研究 [D]. 淮南：安徽理工大学，2009.

[38] 和志浩，王洪雨，张蓉，等. 煤岩力学性质及其影响因素分析 [J]. 石油化工应用，2012（9）：5-7.

[39] 国胜兵，高培正，潘越峰，等. 爆炸波在准饱和砂土中的传播规律 [J]. 岩土力学，2004（12）：1897-1902.

[40] 葛修润，任建喜，蒲毅彬，等. 岩土损伤力学宏细观试验研究 [M]. 北京：科学出版社，2004：4-6.

[41] 韩德馨. 中国煤岩学 [M]. 上海：华东师范大学出版社，1996.

[42] 胡刚，郝传波，景海河. 爆炸作用下岩石介质应力波传播规律研究 [J]. 煤炭学报，2001，26（3）：270-273.

[43] 何培寿，董名山. 腐殖无烟煤显微硬度各向异性的研究 [J]. 煤田地质与勘探，1982（5）：30-33.

[44] 黄启震，陈鹏，马惊生. 一种测算弹性模量的方法：全微硬度法 [J]. 燃料化学学报，1981，9（3）：297.

[45] 黄启展，陈鹏，马惊生. 用分子弹性数法估算烟煤镜质的芳碳率 [J]. 煤炭学报，1983，4（2）：67.

[46] 黄筑平，杨黎明，潘客麟. 材料的动态损伤和实效 [J]. 力学进展，1993，2（4）：433-467.

[47] 姜涛，张可玉，詹发民，等. 硬岩中爆炸冲击波衰减规律的数值模拟 [J]. 工程爆破，2005，11（4）：15-17.

[48] 胡盛斌，邓建，马春德，等. 循环荷载作用下含缺陷岩石破坏特征试验研究 [J]. 岩石力学与工程学报，2009（12）：2490-2495.

［49］ 蒋长宝，尹光志，黄启翔，等. 含瓦斯煤岩卸围压变形特征及瓦斯渗流试验［J］. 煤炭学报，2011，36（5）：802-8.

［50］ 琚宜文，姜波. 构造煤结构及储层物性［M］. 徐州：中国矿业大学出版社，2005.07.

［51］ 李恒乐. 煤岩电脉冲应力波致裂增渗行为与机理［D］. 徐州：中国矿业大学，2015.

［52］ 蓝成仁. 穿层深孔爆破提高瓦斯抽放技术［J］. 煤矿安全，2003，34（8）：14-15.

［53］ 李顺波，东兆星，齐燕军，等. 爆炸冲击波在不同介质中传播衰减规律的数值模拟［J］. 振动与冲击，2009，28（7）：115-117.

［54］ 梁绍权. 深孔控制预裂爆破强化抽放瓦斯技术研究与应用［J］. 煤炭工程，2009（6）：72-74.

［55］ 刘盛东，胡优生. 根据纵波速度估计砂岩的岩石学参数［J］. 安徽地质，1996（1）：70-73.

［56］ 刘军. 岩体在冲击载荷作用下的各向异性损伤模型及其应用［J］. 岩石力学与工程学报，2004，23（12）：635-640.

［57］ 刘忠锋. 煤层注水对煤体力学特性影响的试验［J］. 煤炭科学技术，2010（1）：17-19.

［58］ 刘新华. 岩石超声波与岩石物理力学性质的关系［J］. 四川水力发电，1997（1）：38-41.

［59］ 刘孝敏，胡时胜. 应力脉冲在变截面 SHPB 锥杆中的传播特性［J］. 爆炸与冲击，2000（2）：110-114.

［60］ 吕晓琳，张硕. 基于重复频率冲击波的地面抽采煤层气井改造方

法：中国，CN102155253A［P］.2011-08-17.

［61］路艳军，杨兆中，李小刚.煤岩破裂机理及其影响因素探讨［J］.
内江科技，2012（1）：30-31.

［62］马惊生，陈鹏，黄启震.煤炭显微硬度的研究［J］.煤炭学报，
1987（3）：85-91.

［63］穆朝民，任辉启，李永池，等.爆炸波在高饱和度饱和土中传播
规律的研究［J］.岩土力学，2010，31（3）：875-880.

［64］孟召平，凌标灿.不同侧压下沉积岩石变形与强度特征［J］.煤
炭学报，2000，25（1）：15-18.

［65］邱爱慈，张永民，蒯斌，等.高功率脉冲技术在非常规天然气开
发中应用的设想［C］.第二届能源论坛，北京，2012.

［66］马文顶，周楚良，万志军，等.声波在不同岩性和裂隙中的传播
特征［J］.矿山压力与顶板管理，1997（2）：74-75.

［67］彭苏萍，高云峰，彭晓波，等.淮南煤田含煤地层岩石物性参数
研究［J］.煤炭学报，2004（2）：177-181.

［68］秦勇，李淑琴.煤的显微硬度：一种预测煤与瓦斯突出的可能参
数［J］.煤炭工程师，1990（6）：26-28.

［69］秦勇，傅雪海，叶建平，等.中国煤储层岩石物理学因素控气特
征及机理［J］.中国矿业大学学报，1999a，28（1）：14-19.

［70］秦勇，张德民，傅雪海，等.沁水盆地中南部现代构造应力场与
煤储层物性关系探讨［J］.地质评论，1999b，45（6）：576-583.

［71］秦勇，邱爱慈，张永民，等.高聚能重复强脉冲波煤储层增渗新
技术试验与探索［J］.煤炭科学技术，2014，42（6）：1-7，70.

[72] 索永录，王小林. 煤体不偶合装药爆腔扩展过程 [J]. 爆炸与冲击，2005（1）：54-58.

[73] 孙博. 煤体爆破裂纹扩展规律及其试验研究 [D]. 焦作：河南理工大学，2011.

[74] 苏现波. 煤层气储集层的孔隙特征[J]. 焦作工学院学报，1998，17（1）：6-11.

[75] 汤达桢，王维生. 煤储层物性控制机理及有利储层预测方法 [M]. 北京：科技出版社，2010：158-159.

[76] 王家来，徐颖. 应变波对岩体的损伤作用和爆生裂纹传播[J]. 爆炸与冲击，1995，03：212-216.

[77] 王明洋，钱七虎. 爆炸波作用下准饱和土的动力模型研究 [J]. 岩土工程学报，1995（06）：103-110.

[78] 王伟，李小春. 不耦合装药下爆炸应力波传播规律的试验研究 [J]. 岩土力学，2010，31（6）：1723-1728.

[79] 王宇红. 电脉冲储层处理技术在煤层气中的试验与应用 [J]. 科技传播，2011（18）：125.

[80] 王志亮，李其中，张莉聪. 煤层预裂爆破应力波破坏范围的探讨 [J]. 中国煤炭，2010，36（3）：52-56.

[81] 王占江，李孝兰，戈琳，等. 花岗岩中化爆的自由场应力波传播规律分析 [J]. 岩石力学与工程学报，2003（11）：1827-1831.

[82] 王道荣，陆伟，李宏杰. 爆炸载荷在多层复合结构平板中应力波传播规律的试验研究 [A]. 中国力学学会爆炸力学专业委员会、中国土木工程学会防护工程分会. 第七届全国工程结构安全防

护学术会议论文集［C］.中国力学学会爆炸力学专业委员会、中国土木工程学会防护工程分会，2009：4.

［83］王生维，张明.东胜煤田补连塔矿煤物理力学特性试验研究［J］.岩石力学与工程学报，1996（4）：87-91.

［84］王生维，张明，庄小丽.煤储层裂隙形成机理及其研究意义［J］.地球科学：中国地质大学学报，1996，21（6）：637-640.

［85］王海东.高应力低渗透煤层深孔爆破增透机理与效果［J］.煤矿安全，2012（S1）：17-21.

［86］王文婕.煤层冲击倾向性对冲击地压的影响机制研究［D］.徐州：中国矿业大学（北京），2013.

［87］吴亮，卢文波，宗琦.岩石中柱状装药爆炸能量分布［J］.岩土力学，2006，27（5）：736-739.

［88］吴立新，王金庄.煤岩流变特性及其微观影响特征初探［J］.岩石力学与工程学报，1996（4）：25-29.

［89］谢和平，陈至达.岩石类材料裂纹分叉非规则性几何的分形效应［J］.力学学报，1989（5）：613-618.

［90］谢和平，张永平，宋晓秋，等.分形几何：数学基础与应用［M］.重庆：重庆大学出版社.1996：121-131.

［91］夏致晰，张生余，涂建刚.爆炸应力波在层状岩体中的传播与衰减［J］.河南科学，2007（5）：727-730.

［92］徐阿猛.深孔预裂爆破抽放瓦斯的研究［D］.重庆：重庆大学，2007.

［93］杨军，高文学，金乾坤.岩石动态损伤特性试验机爆破模型［J］.

岩石力学与工程学报，2001，20（3）：320-323.

[94] 杨军，金乾坤，黄风雷. 岩石爆破理论模型及数值计算 [M]. 北京：科学出版社，1999.

[95] 杨永杰. 煤岩强度、变形及微震特征的基础试验研究 [D]. 青岛：山东科技大学，2006.

[96] 杨永杰，宋扬，陈绍杰，等. 煤岩强度离散性及三轴压缩试验研究 [J]. 岩土力学，2006，27（10）：1763-1766.

[97] 杨永杰，王德超，王凯，等. 煤岩强度及变形特征的微细观损伤机理研究 [A]. 台湾大学，北京科技大学. 2010 年海峡两岸材料破坏/断裂学术会议暨第十届破坏科学研讨会、第八届全国MTS 材料试验学术会议论文集 [C]. 台湾大学，北京科技大学：2010：6.

[98] 尹光志，孙国文，张东明. 川东北飞仙关组岩石动力特性的试验 [J]. 重庆大学学报（自然科学版），2004（8）：121-123.

[99] 姚艳斌，刘大锰，汤达祯，等. 沁水盆地煤储层微裂隙发育的煤岩学控制机理 [J]. 中国矿业大学学报，2010（1）：6-13.

[100] 於崇文，岑况，鲍征宇，等. 热液成矿作用动力学 [M]. 武汉：中国地质大学出版社，1993.

[101] 魏殿志. 爆炸冲击波对煤体的变形和破坏作用分析 [J]. 中国煤炭，2004，30（5）：41-42.

[102] 燕静，李祖奎，李春城，等. 用声波速度预测岩石单轴抗压强度的试验研究 [J]. 西南石油学院学报，1999（2）：13-15.

[103] 阎立宏. 杨庄煤矿煤物理力学性质研究与相关性分析 [J]. 煤，

2001（3）：34-37.

[104] 伊向艺. 煤层气压裂技术及应用［M］. 北京：石油工业出版社，2012.

[105] 朱宝存，唐书恒，张佳赞. 煤岩与顶底板岩石力学性质及对煤储层压裂的影响［J］. 煤炭学报，2009，5（6）：756-760.

[106] 张慧. 煤孔隙的成因类型及其研究［J］. 煤炭学报，2001，26（1）：40-44.

[107] 赵玉兰，王琳，刘翼州. 原煤成型特性研究（Ⅱ）煤岩类型与煤成型特性的关系［J］. 煤炭转化，1999（2）：56-58.

[108] 赵阳升，马宇，段康廉. 岩层裂缝分形分布相关规律研究［J］. 岩石力学与工程学报，2002（2）：219-222.

[109] 赵毅鑫，姜耀东，张雨. 冲击倾向性与煤体细观结构特征的相关规律［J］. 煤炭学报，2007（1）：64-68.

[110] 赵建平. 仅中区爆炸波瞬时识别及其作用规律研究［D］. 长沙：中南大学，2009.

[111] 赵洪宝，李振华，仲淑姮，等. 单轴压缩状态下含瓦斯煤岩力学特性试验研究［J］. 采矿与安全工程学报，2010，27（1）：131-134.

[112] 张永民，吕晓琳. 高聚能大功率电脉冲装置能量转换器：中国，CN201206447［P］. 2009-03-11.

[113] 周建勋，王贵梁，邵震杰，等. 煤的高温高压实验研究［J］. 煤炭学报，1994，19（3）：324-331.

[114] 郑永来，夏朱佑. 岩石黏弹性连续损伤本构模型［J］. 岩石力

学与工程学报，1996，15（4）：428-432.

[115] 钟玲文. 煤内生裂隙的成因[J]. 中国煤田地质，2004，16（3）：6-9.

[116] 郑福良. 试论含瓦斯煤体的爆破机理 [J]. 煤矿爆破，1996，20（4）：13-15.

[117] 郑福良. 含瓦斯煤体爆破裂隙发展规律的探讨 [J]. 煤矿安全，1997，28（2）：23-26.

[118] 郑福良. 深孔预裂爆破技术在煤矿井下的应用 [J]. 爆破，1997，14（4）：58-61.